Dedicado a tod@s aquellos que quieran aprender

ISBN: 9798408485949

Sobre el Autor

Ernesto Rodriguez, Ingeniero Técnico Industrial, Profesor de Formación Profesional y divulgador tecnológico mediante su página web www.areatecnologia.com

Introducción

Motivado por el éxito del apartado de electricidad de mi página web www.areatecnologia.com y por mis alumnos, decidí escribir este libro de ayuda para todos aquellos que quieran empezar a estudiar electricidad.

Su contenido está desarrollado de menor a mayor dificultad, empezando por lo más básico como el principio básico de funcionamiento de todas las máquinas eléctricas, hasta lo más avanzado, como los transformadores o motores trifásicos.

Es un libro que servirá de gran ayuda a todos aquellos alumnos de cualquier nivel educativo que quieran entender y aprender las máquinas eléctricas, sin prácticamente conocimientos previos.

ÍNDICE DE CONTENIDOS

El Principio de Todo

Todo empezó gracias al científico Hans Christian **Oersted** que comprobó como colocando un cable alrededor o cerca de una brújula, si hacía pasar una corriente por el cable, la aguja de la brújula, que está unida a un imán giratorio, se movía.

Lo que hacía el cable, cuando le atravesaba una corriente eléctrica, era mover el imán de la brújula que estaba dentro de la espira.

Una corriente eléctrica producía un movimiento.

De esta forma **demostró la relación que había entre la electricidad y el magnetismo**.

Descubrió el electromagnetismo.

A partir de entonces se llamó electromagnetismo a la parte de la física que estudia la relación entre la electricidad y el magnetismo.

Todas las **máquinas eléctricas** que vamos a estudiar aquí, **Motores, Generadores y Transformadores**, basan **su principio de funcionamiento en el electromagnetismo**, de ahí la importancia de tener claro ciertos conceptos sobre el tema, por lo que será lo que veremos en el primer capítulo del libro.

El Electromagnetismo

El Campo Magnético

Un campo magnético es una región del espacio donde existen fuerzas magnéticas (fuerzas que atraen o repelen metales).

Esta propiedad de atraer metales se llama magnetismo.

Si tenemos un **imán**, este imán genera un **campo magnético**, es decir una **región del espacio donde imanta** (atrae hierro), fuera de esa región no hay efecto de imantar, por lo que diremos que estamos fuera de su campo magnético.

Si ponemos un trozo de hierro muy lejos del imán (fuera de su campo), el trozo de hierro no será atraído.

Podemos definir **el campo magnético** como **el espacio próximo al imán**, **en el cual son apreciables los fenómenos magnéticos** originados por dicho imán.

El campo magnético de un imán es más intenso en unas partes que en otras.

Así por ejemplo, el campo magnético adquiere su máxima intensidad en los polos, disminuyendo paulatinamente según nos alejamos de ellos.

Veamos un ejemplo

Se toma un imán sobre el que se coloca un lámina de plástico transparente y se espolvorea con limaduras de hierro, procurando que queden uniformemente repartidas por toda la superficie de la lámina de plástico transparente.

Las limaduras de hierro se orientan sobre la lámina dibujando la forma del campo magnético (ver imagen de más abajo).

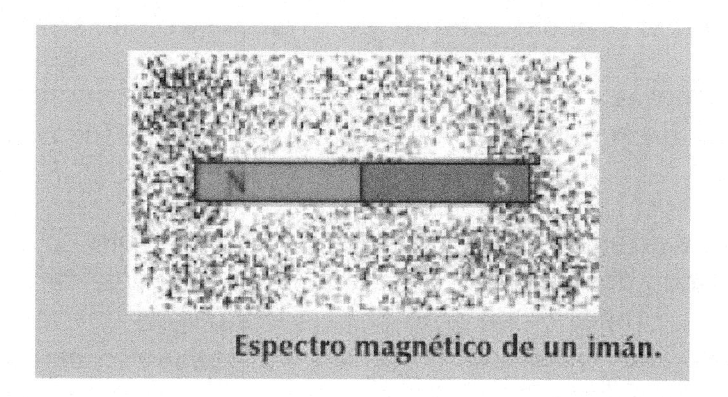

Espectro magnético de un imán.

Observa que hay más limaduras concentradas en los extremos, y que existen unas cadenas de limaduras que forman unas líneas que van de un polo a otro. A estas cadenas se las conoce por el nombre de **líneas de fuerza del campo magnético**.

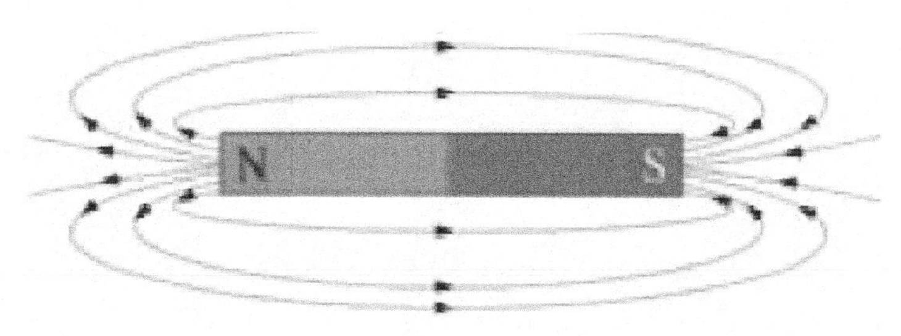

Líneas de fuerza del campo magnético.

Las líneas de campo se pueden dibujar tal como se muestra en la figura anterior.

Las líneas de fuerza únicamente **representan la forma del campo magnético**.

Ahora bien, por motivos de convencionalismos teóricos, se les da un sentido de circulación, de tal forma que se dice que las líneas de campo **salen por el polo norte del imán, recorren el espacio exterior y entran por el polo sur**.

El sentido de circulación de estas líneas por el interior del imán es de sur a norte, y al revés por el exterior (de norte a sur).

En la siguiente figura se puede observar que cuando acercamos dos imanes por sus polos iguales, las líneas de campo se repelen, sin embargo, si acercamos dos imanes por sus polos opuestos, las líneas de campo se establecen en la misma dirección y se suman.

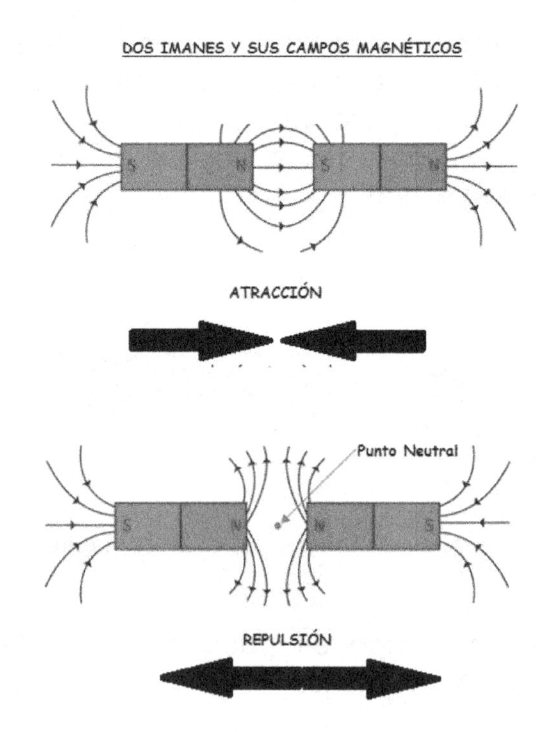

Conclusión: Polos opuestos se atraen y polos iguales se repelen.

Pero **no solo los imanes crean campos magnéticos**, tal como descubrió Christian **Oersted**

Campo Magnético Creado por un Cable

Christian **Oersted** con su famoso experimento, lo que realmente descubrió es que por un conductor, cuando le atraviesa una corriente eléctrica, lo que se produce en él es un campo magnético a su alrededor.

Ese descubrimiento lo podemos observar si espolvoreamos limaduras de hierro sobre una hoja de papel que es atravesada por un conductor por donde circula una corriente eléctrica.

observaremos que las limaduras se orientan y forman un espectro magnético de forma circular, lo que demuestra que **un conductor eléctrico al ser atravesado por una corriente eléctrica, produce un campo magnético** alrededor del conductor.

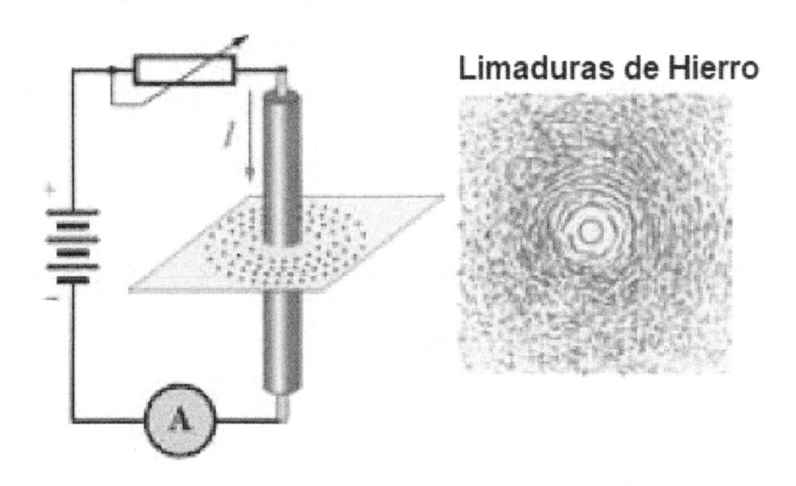

Campo Magnético Creado por un Conductor cuando circulapor él una corriente eléctrica

La orientación de las limaduras de hierro depende del sentido de la corriente por el interior del conductor.

Para determinar el sentido de las líneas de fuerza de una forma sencilla, se aplica **la regla del sacacorchos** o de Maxwell que dice así:

"El sentido de las líneas de fuerza, concéntricas al conductor, es el que indicaría el giro de un sacacorchos que avanza en el mismo sentido que la corriente.

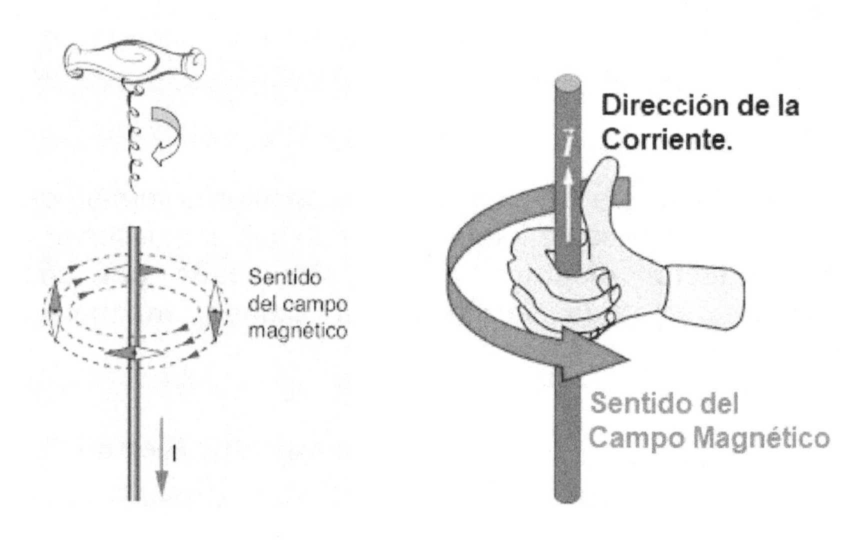

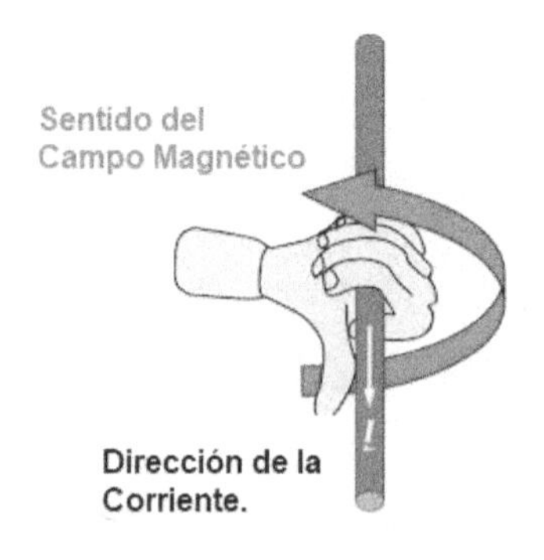

La intensidad del campo magnético desarrollado por el conductor depende fundamentalmente de la intensidad de la corriente que fluye por el conductor.

A más intensidad de corriente, más intensidad de campo.

Campo Magnético Creado por una Espira

Un conductor recto produce un campo magnético muy disperso y, por tanto, muy débil.

La forma de conseguir **que el campo magnético sea más fuerte es disponer el conductor en forma de anillo**.

El sentido de las líneas de fuerza de una parte del conductor se suma a la del otro, para formar un campo magnético mucho más intenso en el centro de la espira.

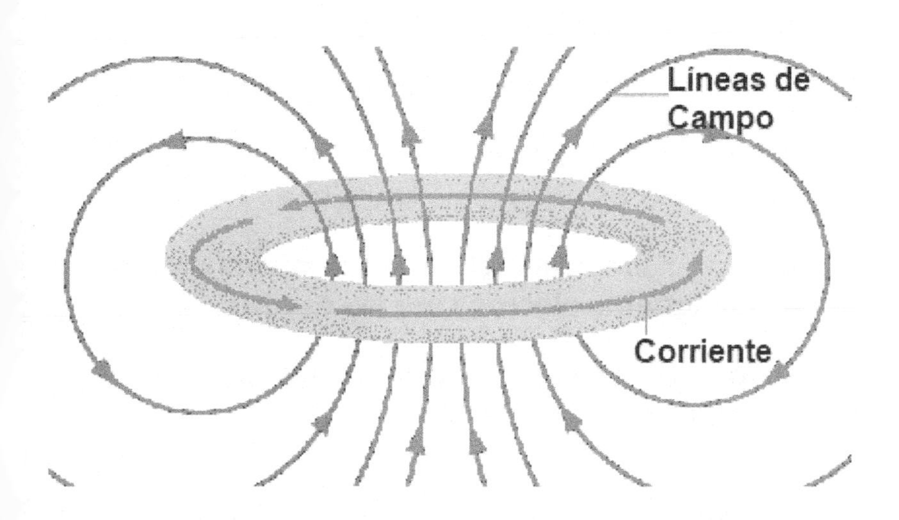

Campo Magnético Creado por una Bobina

En una bobina, **el campo magnético de cada espira se suma al de la siguiente**, concentrándose en el centro de la misma.

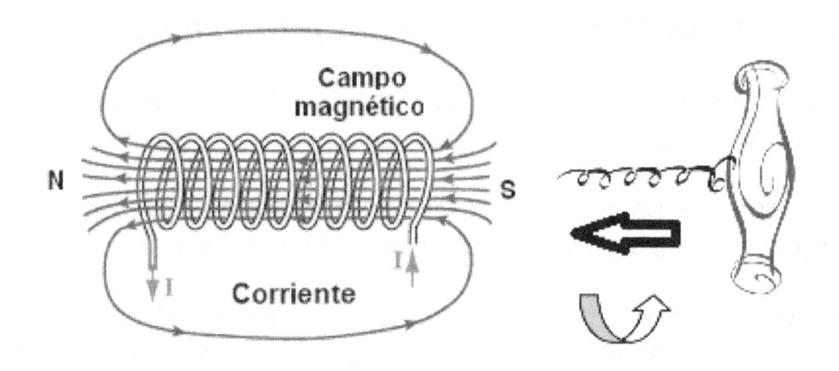

El campo resultante es uniforme en el centro de la espira y mucho más intenso que en el exterior.

En los extremos de la bobina se forman polos magnéticos.

Para determinar el sentido de las líneas de fuerza se aplica la regla del sacacorchos, pero de otra forma.

Basta con **girar el sacacorchos, en el mismo sentido de giro que la corriente eléctrica por las espiras**.

El sentido de avance del sacacorchos nos indica el sentido de las líneas de fuerza.

Una vez determinado este sentido, bien fácil es determinar los polos de la bobina, el polo norte estará situado en el extremo por donde salen las líneas de fuerza, y el sur por donde entran.

El Flujo Magnético

El número de líneas de campo que crea un campo magnético, por ejemplo el de un imán o un conductor con corriente eléctrica, es lo que se conoce con el nombre de **Flujo Magnético**.

Se representa por la letra fi ϕ y su unidad de medida es el weber (Wb).

Pero esta magnitud por sí sola no nos dice lo concentrado que está el campo magnético, para esto necesitamos utilizar otra magnitud que nos diga las líneas de fuerza que hay, pero en una superficie concreta.

Esta nueva magnitud se llama Densidad de Flujo o **Inducción Magnética**.

Inducción Magnética= Cantidad de Líneas de Fuerza por unidad de Superficie (S).

Se representa por la letra beta (β) se mide en Teslas y su fórmula será:

$\beta = \phi / S$

ϕ = será el flujo que atraviesa la superficie S.

Podemos despejar el ϕ y nos quedaría:

$\phi = \beta \times S$

La superficie se pone en metros cuadrados, el flujo en Webers y nos saldrá el resultado en Teslas (T).

Ahora sí que tenemos una idea de lo concentrado o potente que es un campo magnético.

En una superficie determinada a mayor inducción quiere decir que más líneas de fuerza la atraviesan y más poder de atracción a metales tendrá.

Pero !OJO¡ esto sólo vale cuando la superficie que atraviesan las líneas de campo es perpendicular a ellas.

En caso de no ser perpendicular el flujo por la superficie será menor:

$$\phi = \beta \text{ x S x coseno } \phi$$

Donde el ángulo entre la superficie y las líneas de fuerza es el ángulo ϕ

Si representamos el área y la inducción como 2 vectores, que es cómo realmente se representan, tenemos:

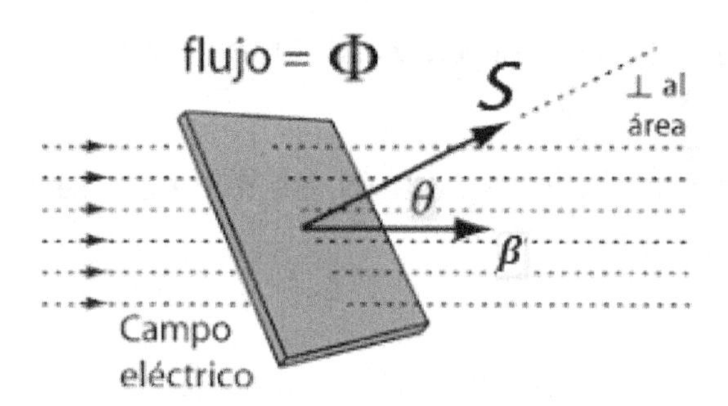

$$\phi = \beta \text{ x S x coseno } \phi$$

Cuando las líneas de campo son perpendiculares (θ = 90º) a la superficie, la cantidad de líneas de campo que atraviesa la superficie es máxima.

Pero a medida que aumenta el ángulo, el número de líneas que pasa por la superficie es menor, disminuyendo el flujo que la atraviesa.

De acuerdo a la definición, el flujo puede ser positivo, negativo o igual a 0.

- Positivo cuando el ángulo θ entre β y S es menor que 90º, ya que el cos θ es mayor que cero.

- Negativo si dicho ángulo es mayor que 90º, porque entonces cos θ es menor que cero.

  - Y Nulo cuando θ vale exactamente 90º, porque cos 90º = 0 y las líneas de campo en este caso son tangenciales a la superficie.

- Por otro lado, si el ángulo entre β y S es igual a 0, el flujo adquiere su valor máximo.

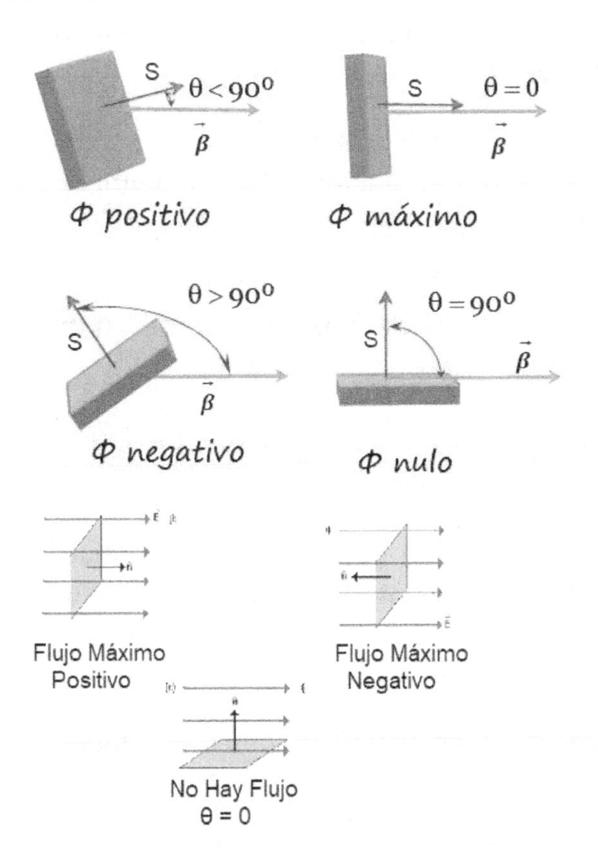

Esto es muy importante que lo tengas claro, ya que lo utilizaremos en los generadores eléctricos más adelante.

Conductor Dentro de un Campo Magnético

Ya sabemos que un conductor, una espira o una bobina, cuando les atraviesa una corriente eléctrica producen un campo magnético.

Pero....

¿Qué pasaría si este campo magnético interactúa (juntamos) con otro campo magnético?

Por ejemplo el de un imán fijo.

Recuerda que esto fue lo que hizo Christian **Oersted en su experimento sin darse cuenta.**

Un conductor por el que circulaba una corriente, y el campo que producía interactuaba con el campo del imán de la brújula, un imán que estaba unido a la aguja y esta se movía.

Pues veamos qué pasa en el caso de un hilo o conductor y en el de una espira.

El campo inducido por el conductor interactúa con el del imán y esto hace que se mueva.

Al hacer pasar una corriente por el conductor, este crea su campo magnético y al estar dentro de otro campo magnético fijo, los 2 campos magnéticos interactúan haciendo que el conductor que está libre se mueva.

Es como si tuviéramos 2 imanes enfrentados.

Si un imán está fijo y el otro se puede mover, está claro que la fuerza de atracción o repulsión hará que el que no está fijo se desplace (mueva).

Pero en nuestro caso, resumiendo, lo que acabamos de conseguir es que:

Mediante una corriente eléctrica producimos un movimiento.

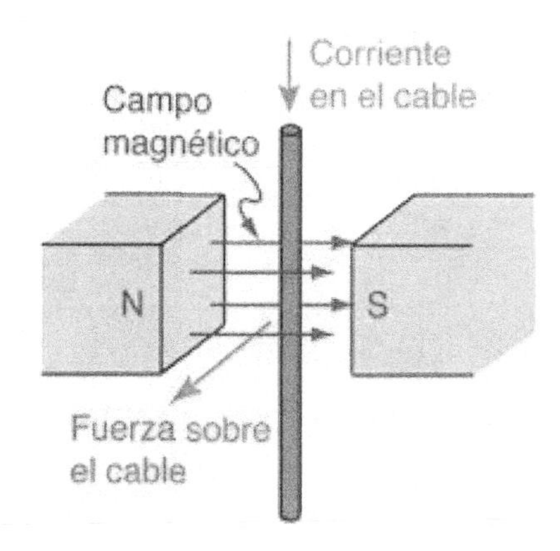

Y...¿cómo se mueve el conductor?

Para averiguar la dirección del movimiento del conductor con corriente dentro de un campo magnético fijo, se hace mediante la llamada "**Regla de la Mano Izquierda**"

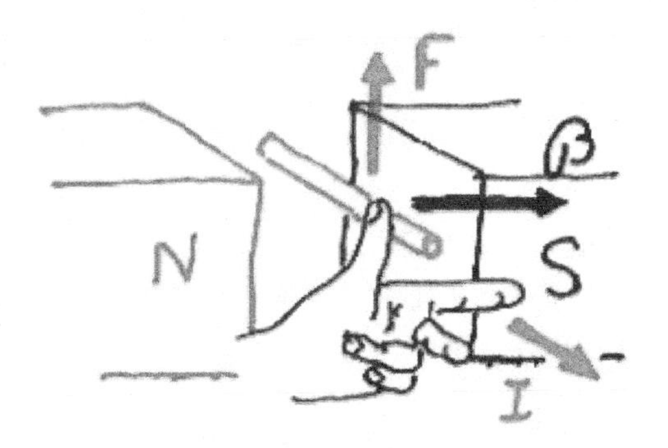

Ahora veamos qué sucede si en lugar de un conductor tenemos una espira.

En este caso, lo que tenemos es el....

Principio de Funcionamiento del Motor de Corriente Contínua

Si ahora en lugar de un conductor ponemos una espira dentro del campo magnético anterior...¿qué pasará?

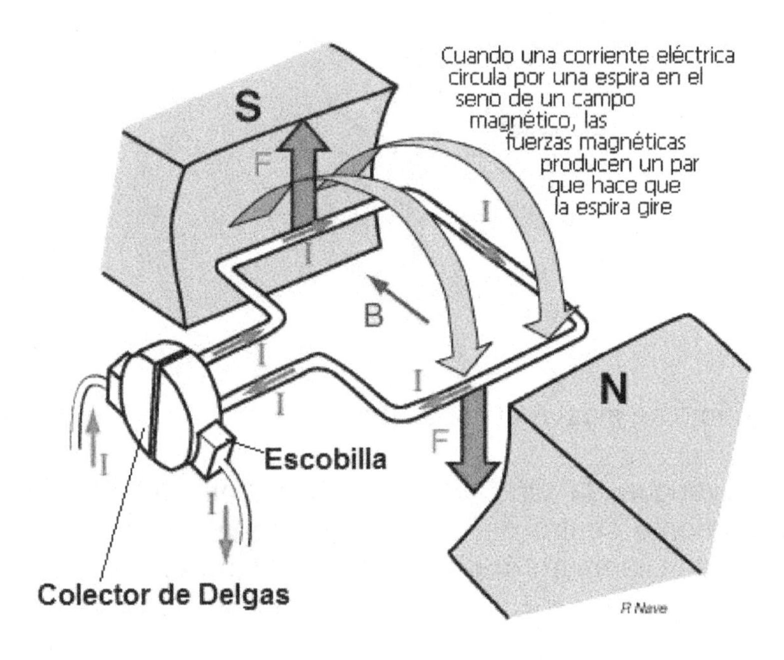

La corriente entra por un lado de la espira y sale por el otro lado.

Es cómo si tuviéramos 2 conductores de los del punto anterior dentro del mismo campo, pero por uno entra la corriente y por el otro sale.

Lo que se produce es que en cada uno de ellos se genere

una fuerza, pero fuerzas que serán de sentido contrario ya que las corrientes por ellos son contrarias..

Hemos conseguido obtener un Par de Fuerza, que lógicamente **lo que produce es el giro de la espira**.

Si la corriente que metemos en la espira es corriente continua (motor de corriente continua), tendrá siempre el mismo sentido.

Por este motivo debemos colocar lo que se llama **el colector de delgas**, un anillo cortado por el medio que es el encargado de recoger la corriente desde las escobillas y hacer que la corriente siempre entre y salga por los mismos lados de la espira.

Si no tuviéramos el colector de delgas, con el propio giro de la espira, se cambiarían los sentidos en los 2 conductores de la espira.

Si en lugar de 1 sola espira tenemos muchas, lo que se llama bobinado o devanado, las fuerzas serán mucho mayores.

Ya tenemos nuestro motor de Corriente Contínua.

Tranquilo, más adelante veremos este tipo de motores mucho más detalladamente, esto **solo es el principio de su funcionamiento**.

Principio de Funcionamiento de los Generadores Eléctricos

Un científico llamado **Faraday, partiendo de los trabajos de Oersted** y Ampère sobre las propiedades magnéticas de las corrientes eléctricas, en 1831 consiguió producir una corriente eléctrica a partir de una acción magnética (generador), fenómeno que se conoce como i**nducción**

electromagnética.

Michel Faraday descubrió la inducción electromagnética, la cual **le llevó a la invención de la dinamo**, precursora del generador eléctrico.

Pero vayamos paso a paso.

¿Qué descubrió Faraday?

Michael Faraday descubrió que un conductor eléctrico moviéndose dentro de un campo magnético (imán) generaba una tensión o diferencial de potencial (d.d.p) entre sus dos extremos (igual que la pila tiene tensión entre sus

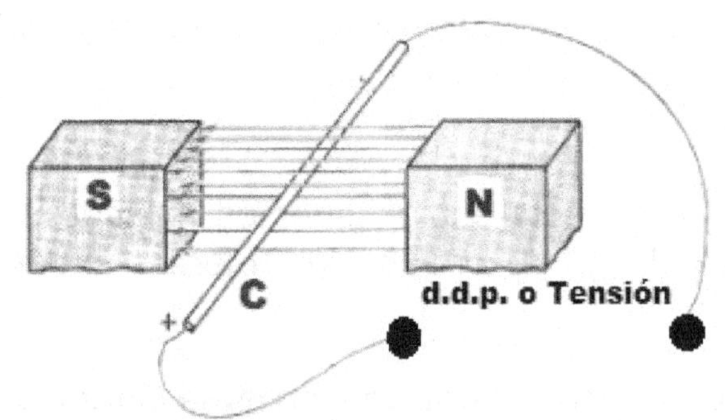

Conductor Moviéndose dentro de un Campo Magnético

dos extremos).

También comprobó que ocurría lo mismo si el imán se mueve y el conductor está fijo.

En cualquier caso, **si el conductor corta las líneas del campo magnético del imán se crea en él una tensión o ddp**.

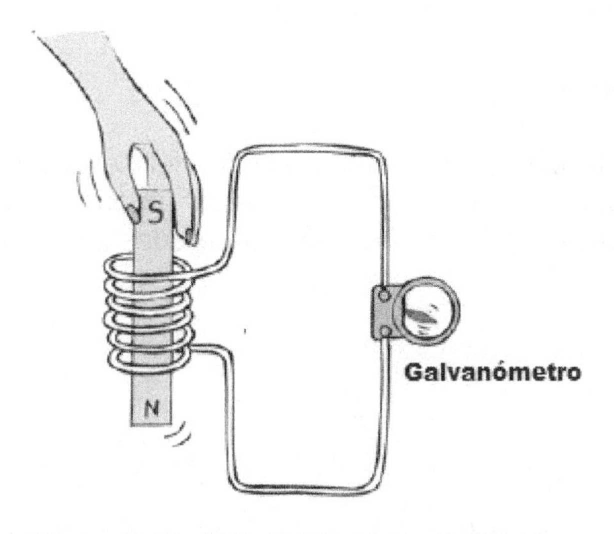

Galvanómetro mide el sentido y la cantidad de corriente eléctrica (intensidad)

Si unimos los extremos del conductor, por ejemplo con una bombilla, hemos creado un circuito eléctrico ya que por el conductor circulará una corriente eléctrica debido a que tenía una tensión en sus extremos.

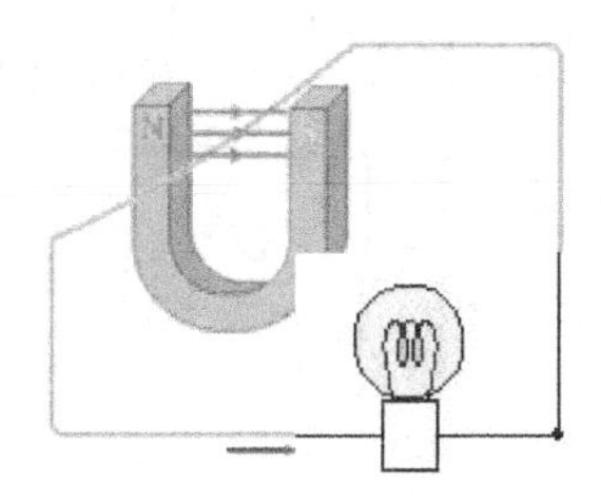

¡¡¡Hemos creado nuestro Primer Generador Eléctrico!!!

¿Es lo mismo que el conductor se mueva en una dirección u otra dentro del campo magnético?

Pues no.

Fíjate cómo cambia la dirección del sentido de la corriente según el conductor corte hacia arriba o hacia abajo las líneas de campo magnético generadas por el imán

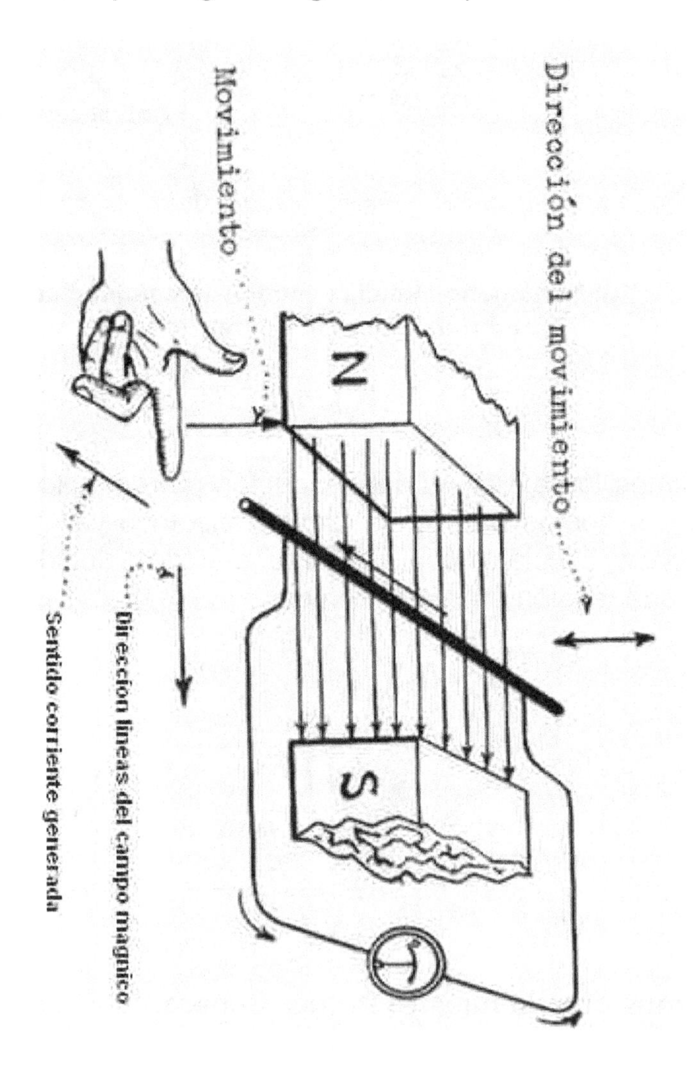

Pero...¿qué pasará si lo que se mueve dentro del campo fijo es una espira en lugar de un solo conductor?

Si en lugar de un conductor colocamos un espira girando dentro del campo magnético, ahora tenemos dos conductores cortando el campo magnético.

Fíjate en la espira de la figura de más abajo.

Por un lado de la espira la corriente que se genera es en un sentido y en el otro lado es en el sentido contrario (una parte de la espira sube por el campo magnético y la otra baja) es decir, **generamos una corriente eléctrica que circula alrededor de la espira.**

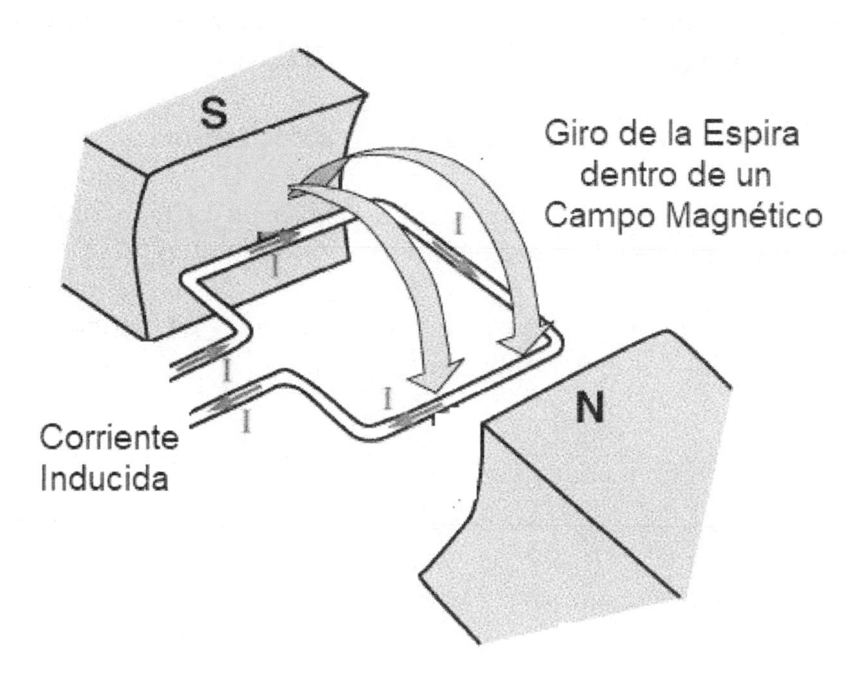

Todo esto, que lo descubrió como ya dijimos el señor Faraday, quedó expresado en la llamada **Ley de Faraday** de la siguiente forma:

"La tensión inducida en es directamente proporcional a la razón de cambio en el tiempo del flujo magnético que atraviesa una superficie cualquiera con el circuito mismo como borde"

Cuya fórmula sería:

$E = \Delta\phi / \Delta t$

Donde E es la tensión inducida o fuerza electromotriz, $\Delta\phi$ es la variación del flujo a través de la espira o espiras y Δt es el tiempo transcurrido (variación del tiempo).

De forma más simple de lo que vino a decir es que:

La tensión generada en nuestra espira es proporcional al flujo que la atravesaba en cada momento en su giro.

¿Recuerdas el flujo que atravesaba una superficie rectangular cómo variaba cuando giraba?

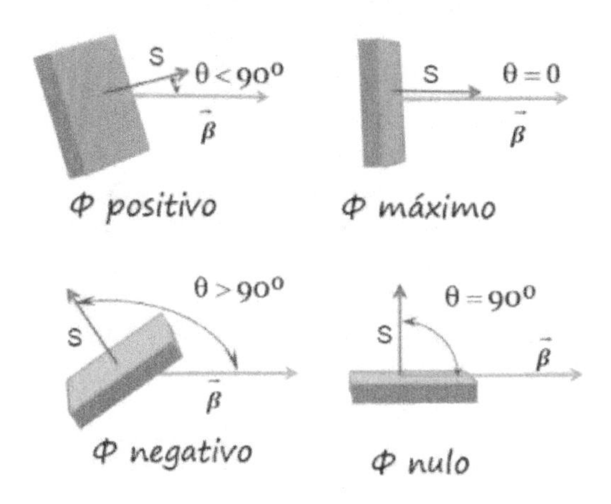

Fíjate en la curva de la fem que genera la espira en su giro dentro del campo magnético.

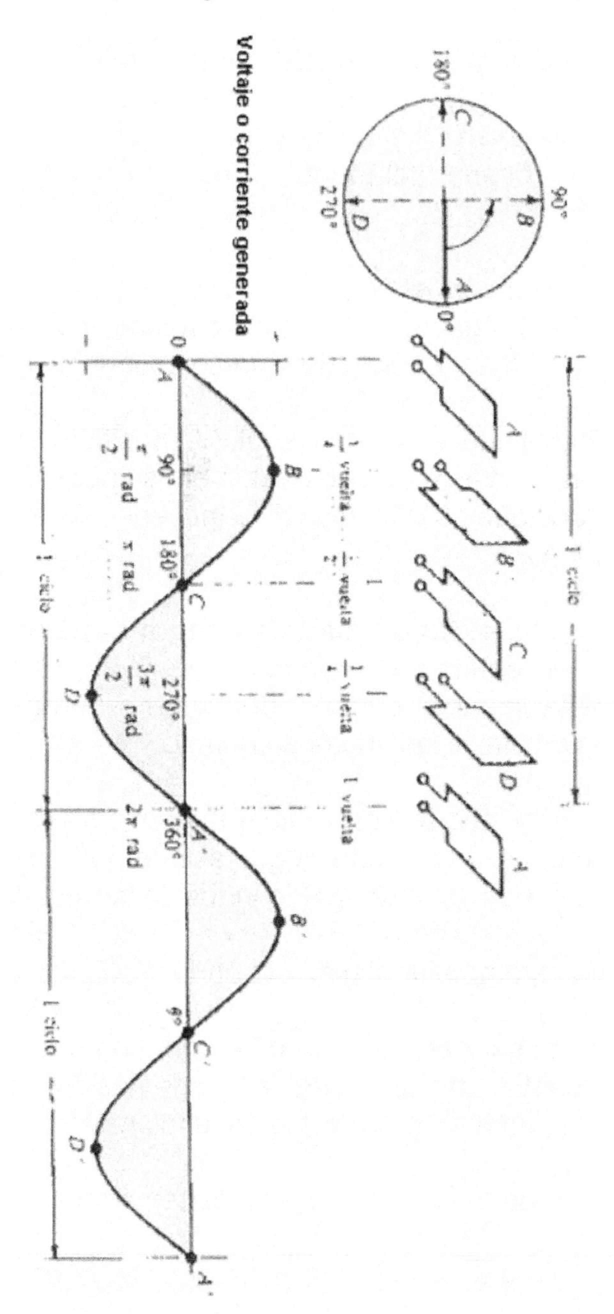

En el punto A. al estar la espira en horizontal, no la atraviesa flujo, por lo que **no genera ddp** (tensión = 0V).

Nota: podemos llamar a la tensión o voltaje ddp.

Según va girando la va atravesando cada vez más flujo (aumenta el coseno del ángulo), por lo que la ddp va aumentando.

Llega a su máximo en el punto B, cuando está perpendicular a las líneas magnéticas del campo estático, por lo que el ángulo es de 90° y el coseno del ángulo es igual a 1.

Ahora el flujo tiene el mismo sentido (positivo) pero a la espira la van atravesando cada vez menos líneas de fuerza, lo que produce que su ddp vaya disminuyendo hasta llegar o V en el punto C.

Si sigue girando, **el flujo creado es ahora negativo**, por lo que cambia el sentido de la corriente que va ir generando en su giro, hasta llegar al punto D donde será la máxima por estar perpendicular a las líneas de campo.

Sigue girando y ahora, con el flujo negativo irá abrazando cada vez menos flujo hasta llegar al punto de partida, el punto A donde nuevamente la ddp inducida será de 0V.

Y...volvemos a empezar el giro y la onda.

Como vemos se genera una onda de corriente alterna, cambia el sentido de la corriente y además la intensidad (cantidad) es variable (no siempre es la misma).

Esta forma de onda se denomina onda senoidal.

Si somos capaces de unir los extremos de la espira a un receptor tendremos un generador de corriente eléctrica, en este caso de corriente alterna (**alternador**).

La onda de la intensidad será de la misma forma que la de la tensión senoidal, pero normalmente más pequeña porque los valores de la intensidad suelen ser mucho más bajos que los de la tensión.

Principio de Funcionamiento de los Motores de Corriente Alterna

Antes del descubrimiento de Oersted, ya se sabía que **un imán tiene un campo magnético** y que cuando este campo se junta con otro campo magnético, el de otro imán por ejemplo, **los imanes se mueven por atracción o repulsión** (se atraen o repelen).

Si acercamos dos imanes, cuando se juntan los campos magnéticos generados por cada uno de ellos, los imanes se mueven.

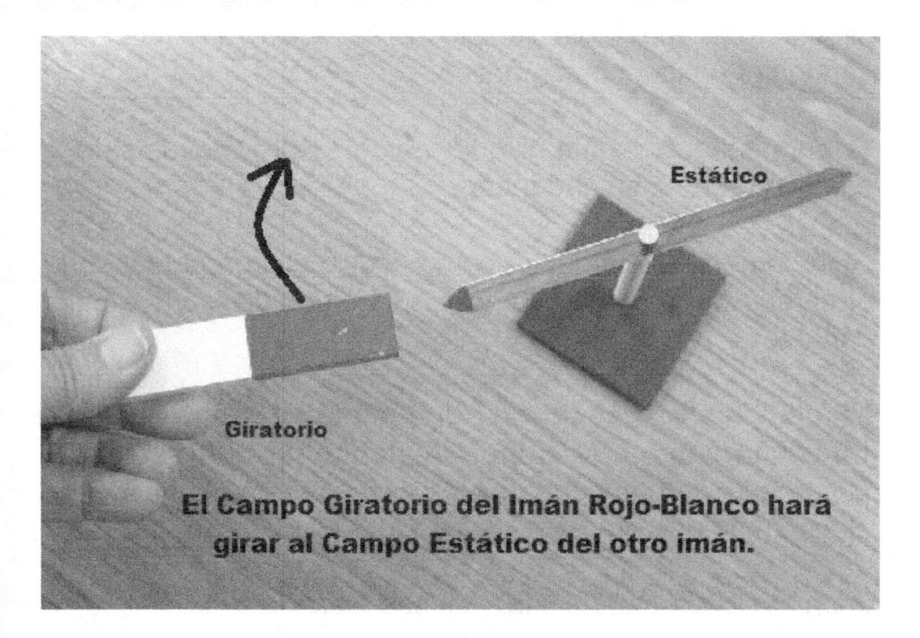

Fíjate que en la imagen anterior.

Tenemos un campo magnético giratorio (imán rojo y blanco) y otro estático pero con posibilidad de moverse girando (la barra con punta)

El imán fijo se moverá (girará) persiguiendo al campo giratorio del imán rojo y blanco si los polos son iguales.

Imanes con polos iguales enfrentados se repelen, polos distintos se atraen.

Esto **es importantísimo para entender los motores eléctricos de corriente alterna, ya que este es su principio de funcionamiento.**

El principio de funcionamiento de estos motores **se basa en el campo magnético giratorio** que crea una corriente alterna trifásica (3 fases) descubierta por Nikola Tesla.

Primero, Oersted descubrió que por un conductor por el que circula una corriente eléctrica se crea alrededor del conductor un campo magnético.

Cuanto más corriente circula por el cable mayor será el campo creado a su alrededor.

Si la corriente es variable, como ocurre en corriente alterna, el campo que genera el cable a su alrededor será también variable.

Nikola Tesla descubrió que una corriente alterna trifásica genera un campo magnético giratorio al circular la corriente de cada una de las 3 fases por una bobina de un electroimán diferente

imán con bobina enrollada = electroimán

Si colocamos las 3 bobinas en forma circular y las conectamos cada una a una fase de un sistema trifásico, resulta que tenemos un campo giratorio.

Las bobinas al estar en un sitio fijas, el sitio donde las colocamos le vamos a llamar "**estator**" (de estático).

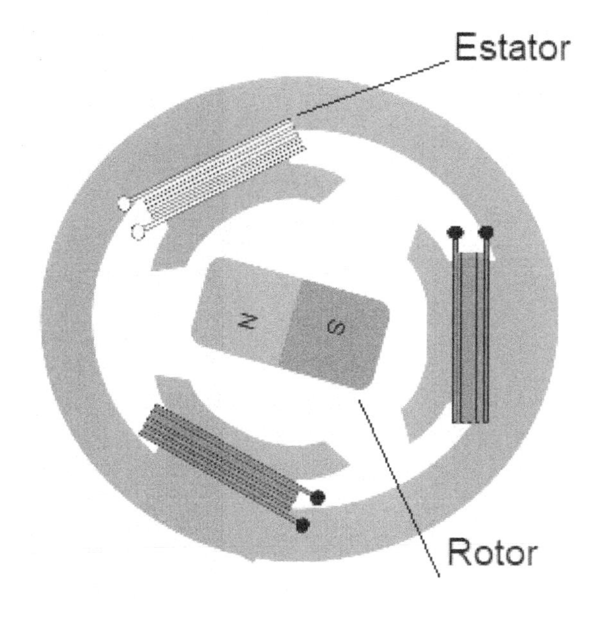

Ahora en el interior del estator colocamos un imán o algo que genere o tenga un campo magnético, y que tenga capacidad de girar.

A esto último, cómo tiene capacidad de girar o rotar le llamaremos "**rotor**".

¿Qué hará ese rotor?

Pues girará siguiendo al campo magnético giratorio del estator, igual que la barra con punta del primer ejemplo .

Fíjate ahora en el siguiente ejemplo, todavía más sencillo que el anterior, un campo giratorio manual como el de la siguiente figura.

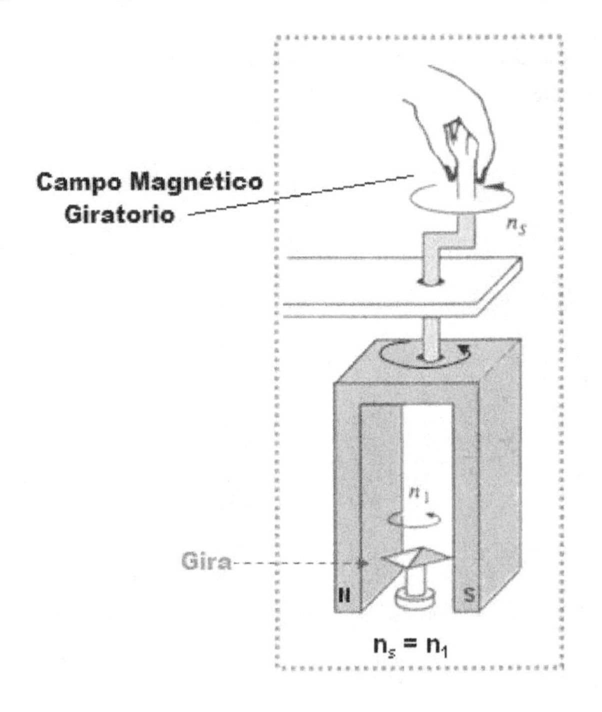

El movimiento giratorio del campo externo provocará que gire el interno ya que intentará seguirle por la atracción de los polos de los imanes..

La velocidad de giro del campo externo giratorio será la misma que la de rotación del imán interno.

Velocidad de sincronismo se llama, **y así son y giran los Motores Síncronos de Corriente Alterna**.

El campo giratorio que se produce en el estator (inductor) gira a la misma velocidad que el rotor.

Estos motores tienen **el rotor compuesto por imanes**

permanentes, por ese motivo **son síncronos**.

El estator es un bobinado de imanes formando electroimanes conectados a las 3 fases.

No estudiaremos mucho más este tipo de motores porque no se utilizan prácticamente, salvo en raras excepciones y sobre todo, como alternadores, pero no como motores.

Los que más se utilizan y que si estudiaremos en profundidad son los motores "asíncronos"

Imagina que **en lugar de un imán interno en el rotor tuviéramos un campo magnético inducido por el propio estator.**

Pues también girará siguiendo el campo giratorio, pero a menor velocidad que el campo del estator, por eso se llamarán "**asíncronos**".

Veamos por qué son asíncronos.

Recuerda que según Faraday, **una espira moviéndose dentro de un campo magnético** genera tensión en sus extremos, como si fuera una pila.

La tensión se produce porque **corta las líneas del campo magnético**, esta es la **condición para que se genere** tensión en los extremos de la espira.

Si ahora en nuestro motor, en el rotor colocamos una espira de material conductor, entonces las líneas del campo giratorio del estator cortarán la espira y en ella se generará una tensión en sus extremos.

Si la espira la ponemos en cortocircuito, entonces por la espira circulará una corriente eléctrica, corriente que a su vez generará un campo magnético alrededor de la espira.

Ahora ese campo magnético creado en la espira (rotor) seguirá al campo magnético del estator produciéndose el giro de la espira.

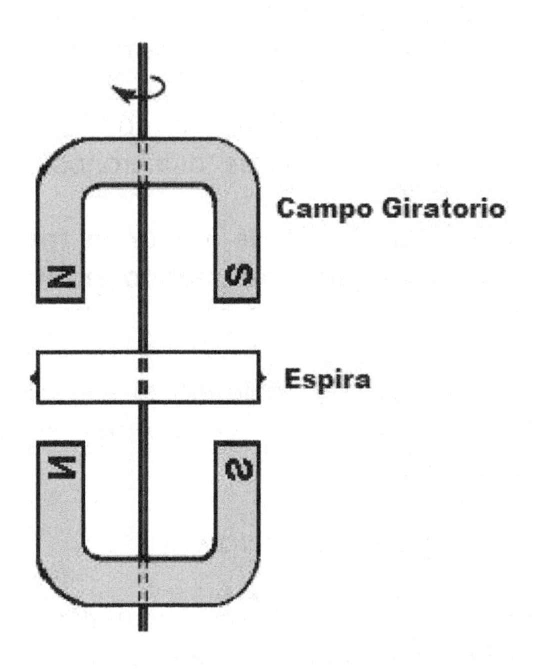

¡¡¡Ya tenemos nuestro motor asíncrono!!!

Pero OJO, si en algún momento la espira girase a la misma velocidad que el campo giratorio del estator, el motor se pararía, ya que las líneas del campo del estator no cortaría la espira, no produciría en ella la corriente inducida ni el campo magnético a su alrededor.

La espira (rotor) siempre gira un poco más lento que el campo del estator, por eso no están sincronizados los campos y se llaman "**motores asíncronos**".

Este tipo de motores los estudiaremos más detalladamente más adelante, ya que son prácticamente todos los que se utilizan hoy en día.

Ya sabemos el principio de funcionamiento de los motores de corriente alterna.

Principio de Funcionamiento de los Transformadores

Se denomina transformador a una máquina eléctrica estática y reversible que funciona por electromagnetismo (eléctrico y magnético) que permite aumentar o disminuir el voltaje (tensión) y/o la intensidad de una corriente alterna

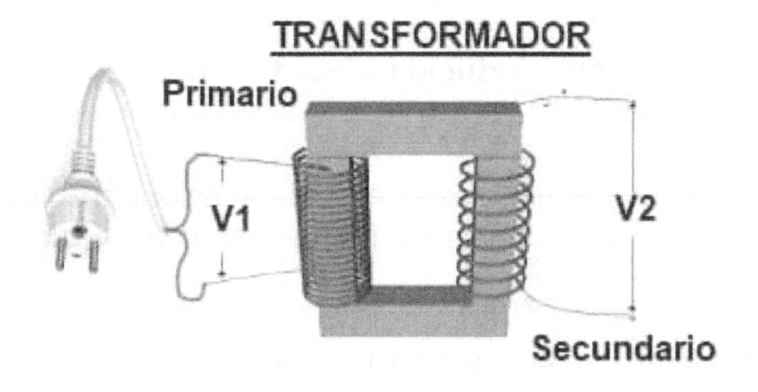

manteniendo constante la potencia.

Conectamos el llamado Primario (entrada) a una Tensión (V1), y aparecerá en el secundario (salida) otra diferente (V2), pero manteniendo la potencia constante en la entrada y la salida.

Recuerda: Potencia = Tensión x Intensidad = V x I

Potencia en el Primario = Potencia en el Secundario

$V1 \times I1 = V2 \times I2$

Pero para entender el principio de funcionamiento tenemos que utilizar una ley nueva, la ley de Lenz.

La Ley **de Lenz** dice que **siempre que se induce una corriente o una fem, su dirección será contraria a la causa que las produce.**

Mientras que la ley de Faraday nos dice la magnitud de la fem inducida, **la ley de Lenz nos dice en qué dirección fluye la corriente inducida y el sentido de la fem inducida**, y establece que **la dirección siempre es tal que se opone al cambio de flujo que la produce**.

Es decir, la corriente **inducida creará un flujo contrario al que la produce**.

Ahora ya podemos explicar el funcionamiento del transformador de la siguiente forma (ver imagen siguiente página):

Al conectar el primario a una tensión **V1**, se produce una corriente por la bobina del primario que **genera un flujo magnético variable** alrededor de las espiras (Oersted).

El flujo es variable (alterno y senoidal) porque la corriente que lo genera es corriente alterna, es decir alterna y senoidal también (variable).

Este flujo magnético viaja por las chapas del núcleo hasta las bobinas del secundario, que al cortarlas y ser variable produce en sus extremos una fuerza electromotriz E2 (Faraday).

El flujo que se produce en el primario por es proporcional a la tensión aplicada a la bobina y a su número de espiras.

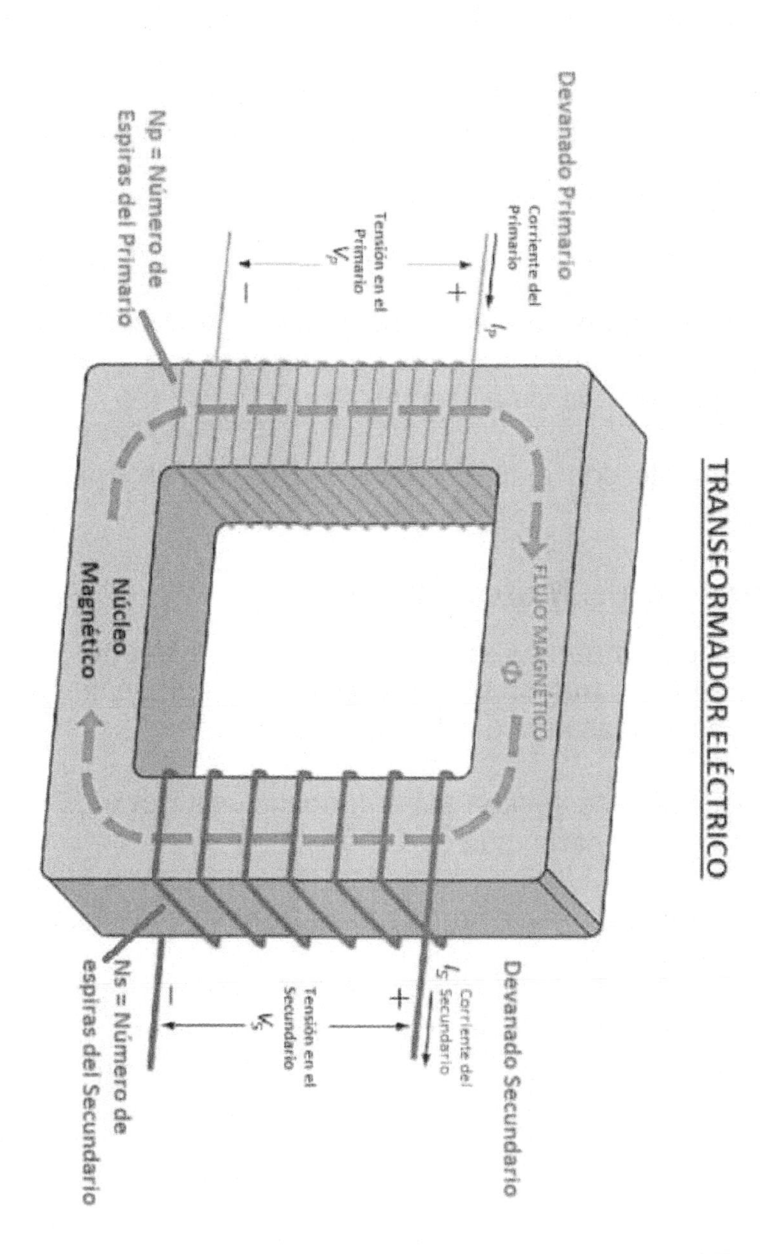

La tensión que se induce en el secundario (E2 = V2) es proporcional al flujo común y al número de espiras del secundario.

Para una V1 constante el flujo será siempre el mismo, por lo que a mayor espiras en el secundario, mayor tensión tendremos de salida, y a menor espiras menor tensión de salida V2.

Más adelante veremos mucho más detalladamente su funcionamiento paso a paso, partiendo de un transformador ideal, que es más sencillo de entender, para llegar al transformador real y más complicado.

De momento con entender su principio de funcionamiento nos vale.

Partes de un Motor Eléctrico

Lógicamente **cuantas más espiras y más imanes** tenga nuestro motor, **mayor será su fuerza**, ya que se sumarían todas las fuerzas de todas las espiras e imanes.

Si colocamos las espiras sobre (enganchadas) a un eje, las espiras al girar harán que gire el eje.

Esta parte móvil, el eje con las espiras, es lo que se llama el **Rotor** del motor.

Estas espiras se llaman "**bobinado del motor**", tiene un principio, en la primera espira, y un final en la última espira.

En definitiva, es un solo cable que lo enrollamos en muchas espiras.

Por el principio de este bobinado será por donde entre (metamos) la corriente eléctrica y saldrá por el final.

Si ahora colocamos varios imanes fijos alrededor de este rotor, tendremos una parte fija que se llama el "**Estator**".

Todo este bloque, rotor y estator, irá colocado sobre una

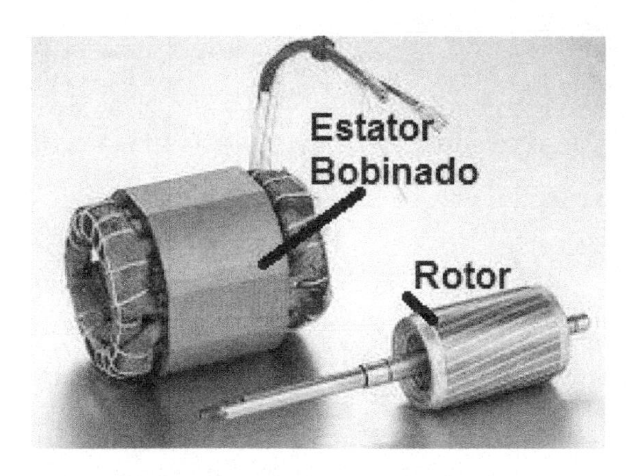

base para que pueda girar el rotor (sobre rodamientos) y que además cubrirá todo el bloque para que no se vea.

Este bloque es lo que se llama la "**Carcasa**" del motor.

Además hay motores eléctricos que tienen **escobillas** por donde entra y sale la corriente al bobinado y además los de c.c. (corriente continua) tienen **delgas,** como ya vimos.

Podríamos decir que las partes de un motor eléctrico son:

- **Estator**: Parte fija.

- **Rotor**: Parte móvil que gira dentro del estator.

- **Entrehierro**: Espacio de aire que separa el estator del rotor y que permite que pueda existir movimiento.

El entrehierro debe ser lo más reducido posible.

Fíjate en las imágenes siguientes, puedes ver todas las piezas de un motor eléctrico:

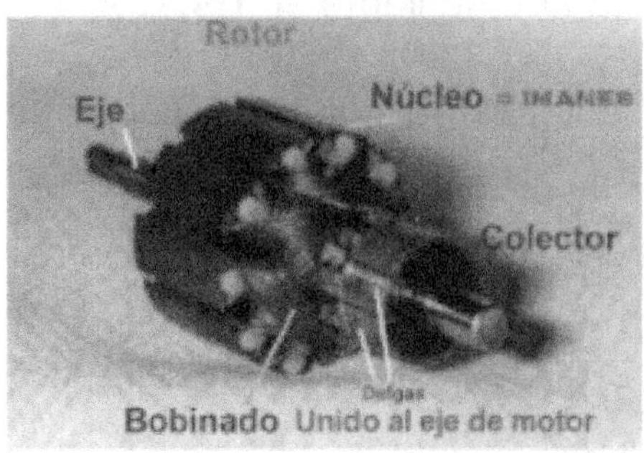

Rotor = Eje unido a las espiras y que gira,

Estator= Parte fija donde están los imanes. No Gira.

www.areatecnologia.com

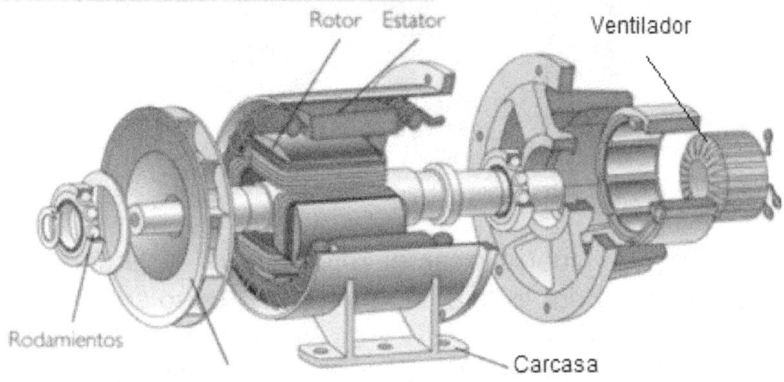

PARTES DE UN MOTOR DE CORRIENTE ALTERNA

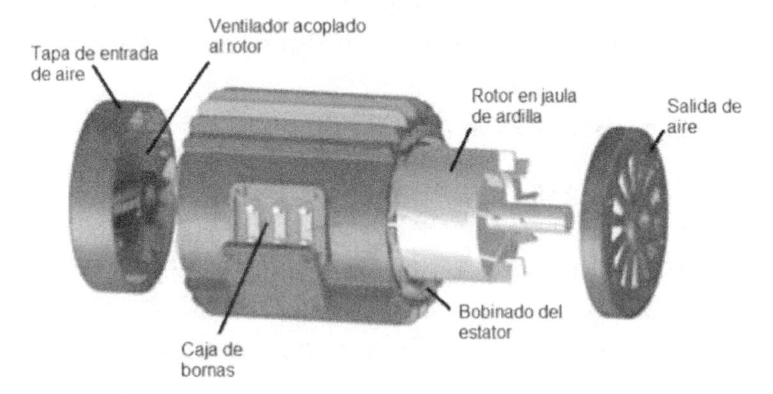

Los motores eléctricos tienen unas bobinas (devanados)

llamadas inductor e inducido.

- Arrollamiento o **devanado** de excitación o **inductor**: Es el que genera el campo magnético.

Normalmente, a no ser motores muy pequeños, el imán que genera el campo magnético (inductor) también lleva un bobinado para crear un electroimán y que genere un campo magnético mayor.

Este bobinado o devanado se llama inductor.

El campo magnético creado por el inductor, al cortar las espiras del bobinado inducido del rotor, hace que gire.

- **Devanado Inducido**: El otro devanado, en el rotor normalmente.

Aquí tienes un resúmen muy interesante de las partes

PARTES DE UN MOTOR ELÉCTRICO

Respecto al movimiento →
- **Estator** → **Parte estática**
- **Rotor** → **Parte móvil**

Respecto al campo magnético →
- **Inductor** → **Crea el campo magnético (causa)**
- **Inducido** → **Recibe la acción del campo magnético (efecto)**

Motores (AC de inducción y DC) →
- **Estator** → **Inductor**
- **Rotor** → **Inducido**

Grandes generadores →
- **Estator** → **Inducido**
- **Rotor** → **Inductor**

¿Quién Inventó el Motor Eléctrico?

El motor eléctrico **no fue inventado** por un individuo.

Como has podido comprobar los descubrimientos e invenciones de muchas personas diferentes fluyeron hacia **el desarrollo** del motor eléctrico.

Veamos algunas de estas personas y sus descubrimientos hasta llegar al motor eléctrico actual.

- En 1820 Hans Christian Orsted descubrió que los conductores a través de los cuales fluye la corriente forman un campo magnético .

Fue el primero en utilizar la corriente eléctrica para generar un campo magnético y poner en movimiento la aguja de una brújula.

En el mismo año, el francés André-Marie Ampére inventó el solenoide.

- En 1821 Michael Faraday presentó los resultados de su trabajo sobre "rotación electromagnética".

En sus diseños, un conductor móvil giraba alrededor de un imán fijo y un imán móvil giraba alrededor de un conductor fijo.

- En 1822, el matemático y físico Peter Barlow construyó la rueda de Barlow que lleva su nombre.

La rueda de radios metálicos giraba entre las piezas polares de un imán en forma de U.

- En 1825 , William Sturgeon inventó el primer electroimán

funcional con núcleo de hierro para fortalecer el campo magnético.

- 1832 construyó Hippolyte Pixii el primer aparato rotatorio para generar corriente alterna.

- 1834 desarrollaron Moritz Herman Jacobi el primer motor eléctrico giratorio generado, con una potencia de aproximadamente 15 W.

Su segundo motor, que se presentó al público en 1838, tenía una potencia de 300W y se utilizaba en un barco.

- En 1839, MH Jakobi construyó un motor con una potencia de 1000 W.

Pero otros inventores como el escocés Robert Davidson y los holandeses Christopher Becker y Sibrandus Stratingh también experimentaron y desarrollaron motores eléctricos al mismo tiempo.

No fue hasta 1866, cuando la generación de energía eléctrica fue posible a gran escala cuando el motor eléctrico se hizo cada vez más popular y reemplazó gradualmente a las máquinas de vapor que se habían utilizado hasta ese momento.

LOS MOTORES ELÉCTRICOS

Los motores eléctricos son máquinas eléctricas rotatorias.

Transforman una **energía eléctrica en energía mecánica de rotación** en un eje.

Tienen múltiples ventajas, entre las que cabe citar su economía, limpieza, comodidad y seguridad de funcionamiento.

Su funcionamiento se basa en las fuerzas de atracción y repulsión establecidas entre un imán y un hilo conductor (bobina) por donde hacemos circular una corriente eléctrica.

Solo sería necesario una bobina (espiras con un principio y un final) un imán y una pila, para que haciendo pasar una corriente eléctrica por las espiras, ya tengamos construido un motor eléctrico.

Recuerda también se pueden llamar "motor electromagnético".

Pero expliquemos todo esto mucho mejor uno por uno.

MOTORES TRIFÁSICOS

Están diseñados para trabajar con corriente alterna (ca) trifásica, corriente utilizada en muchas aplicaciones industriales.

Son los más utilizados en la industria por su sencillez, robustez y fácil mantenimiento.

El motor trifásico más utilizado es **el motor asíncrono trifásico de inducción** que funciona gracias a los fenómenos de inducción electromagnética que relacionan la electricidad con el magnetismo, como ya vimos anteriormente cuando estudiamos su principio de funcionamiento.

Primero veamos un resumen de la corriente alterna trifásica que utilizan, concepto muy importante para entender la forma de trabajo de estos motores.

Corriente Trifásica

A diferencia de los sistemas monofásicos de corriente alterna, que utilizan 2 conductores eléctricos (Fase y Neutro) para su distribución y consumo, los sistemas trifásicos utilizan tres o cuatro conductores.

3 Fases o 3 Fases + Neutro.

Al trabajar con 3 fases y el neutro **podemos obtener 2 tensiones diferentes**.

Normalmente **230V si medimos entre fase y neutro y 400V entre dos fases**.

La tensión entre 2 fases es siempre la raíz de 3 veces superior a la de una fase con el neutro:

$400/230 = \sqrt{3}$

La tensión más elevada se suele utilizar en la industria y para los motores, y la más baja para uso doméstico y alumbrado.

Recordamos que cuando estudiamos los generadores eléctricos de corriente alterna, la tensión instantánea que generaban era:

e = Emáxima x seno wt

Siendo "e" la tensión o fuerza electromotriz instantánea, y Emáxima (Eo) la tensión máxima de la curva senoidal de la onda.

En el caso de un generador trifásico genera 3 tensiones iguales en cantidad, pero desfasadas en el tiempo.

e1 = Emáxima x seno wt

e2 = Emáxima x seno (wt-120º)

e3 = Emáxima x seno (wt-240º)

¿Qué significa esto?

Pues que los valores de las 3 tensiones (una de cada fase) están desfasadas 120º una respecto a la otra en el tiempo.

A las 3 intensidades les pasa lo mismo.

Fíjate en la gráfica como sería:

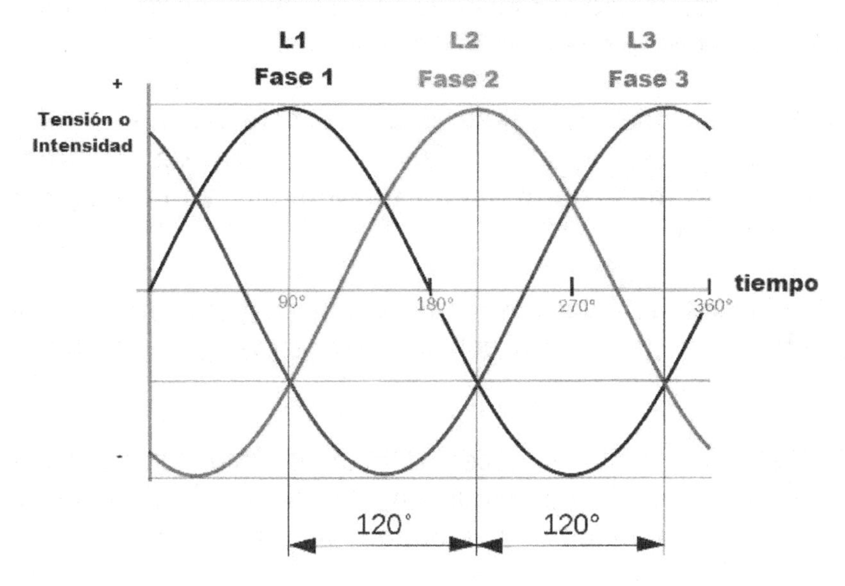

Fíjate que la tensión negra es la de referencia, ya que parte del punto inicial 0º.

La azul está adelantada, se crea antes, y ese adelanto es de 120º.

La roja se crea 120º más tarde que la negra, por eso decimos que está retrasada..

Si quieres saber más sobre la corriente alterna busca en google: "areatecnologia Circuitos de Corriente Alterna"

Ventajas del Uso de Corriente Alterna Trifásica

- La primera ventaja es la **posibilidad de utilizar 2 tensiones** diferentes, de la que ya hablamos antes.

- Tanto los **alternadores como los transformadores y**

motores de C.A. trifásicos poseen un mayor rendimiento y, por lo general, son mucho **más sencillos y económicos** que los monofásicos, que luego veremos.

- El motor trifásico posee unas **características mucho mejores** que el motor monofásico, como: **par de arranque muchísimo más fuerte, mejor rendimiento y mejor factor de potencia.**

- Los sistemas trifásicos consiguen transportar la energía eléctrica con un ahorro considerable en la sección de los conductores.

Todas estas ventajas hacen que en la actualidad toda la energía eléctrica se produzca, transporte, distribuya y consuma, sea en forma de corriente alterna trifásica.

Partes del Motor Trifásico

Un motor asíncrono trifásico consta de 2 partes principales (fíjate en la imagen de más abajo):

- **Parte Fija o Estator**: Es la parte fija del motor.

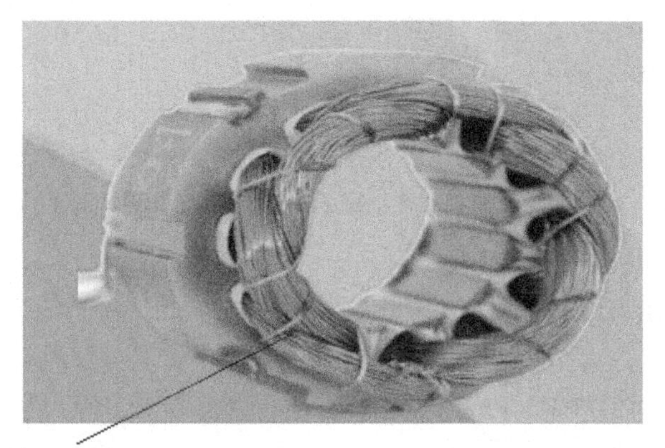

Está constituido por una carcasa en la que está fijada una corona de chapas de acero al silicio provistas de unas ranuras.

Las espiras de los bobinados están dispuestas en dichas ranuras formando electroimanes y en tantos circuitos como fases tenga la red a la que se conectará la máquina.

En nuestro caso, los motores trifásicos, 3 bobinas y circuitos diferentes (un circuito por bobina).

Esta parte, los electroimanes que forman el estator, es la que creará el campo magnético giratorio que ya vimos y por eso también se llama Inductor, ya que inducirá una corriente en la otra parte, o lo que es lo mismo, inducirá el movimiento del rotor como ya vimos en su funcionamiento.

El estator de un motor asíncrono trifásico se construye de tal forma que se alojan tres bobinas desfasadas entre sí 120º.

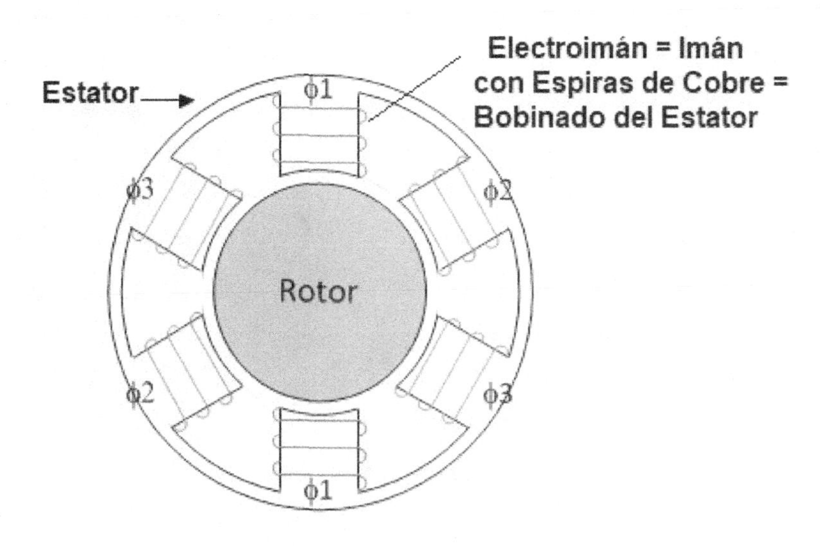

Cada una de estas bobinas se conecta a cada una de las

fases de un sistema trifásico, por lo que por cada una de ellas circularán las corrientes instantáneas i 1 , i2 e i3.

Luego veremos su fórmula.

- **Parte Móvil o Rotor**: Es la parte móvil del motor.

Está situado en el interior del estator y consiste en un núcleo de **chapas de acero al silicio** apiladas que forman un cilindro, **o de un bobinado eléctrico,** dependiendo del tipo de rotor, ya sea **Rotor de jaula de ardilla o Rotor bobinado**.

También se llama inducido porque es donde se inducirán las tensiones, corrientes y por lo tanto el movimiento de nuestro motor.

El rotor en jaula de ardilla, el más utilizado, es un rotor con una serie de barras de aluminio o cobre (conductores) a su alrededor y unidas en cortocircuito por dos anillos en sus extremos.

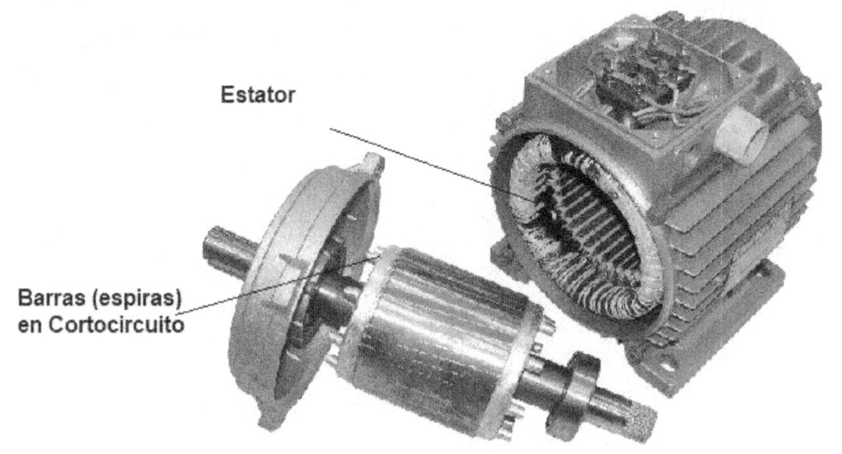

Rotor en Jaula de Ardilla

El rotor bobinado es un rotor con bobinas a su alrededor.

El campo magnético (las líneas del campo magnético) giratorio trifásico del estator cortará las varillas o chapas del rotor, en estas se induce una fuerza electromotriz (tensión) que al estar en cortocircuito se genera una corriente por ellas, corriente inducida que genera un campo que seguirá al del estator girando el rotor.

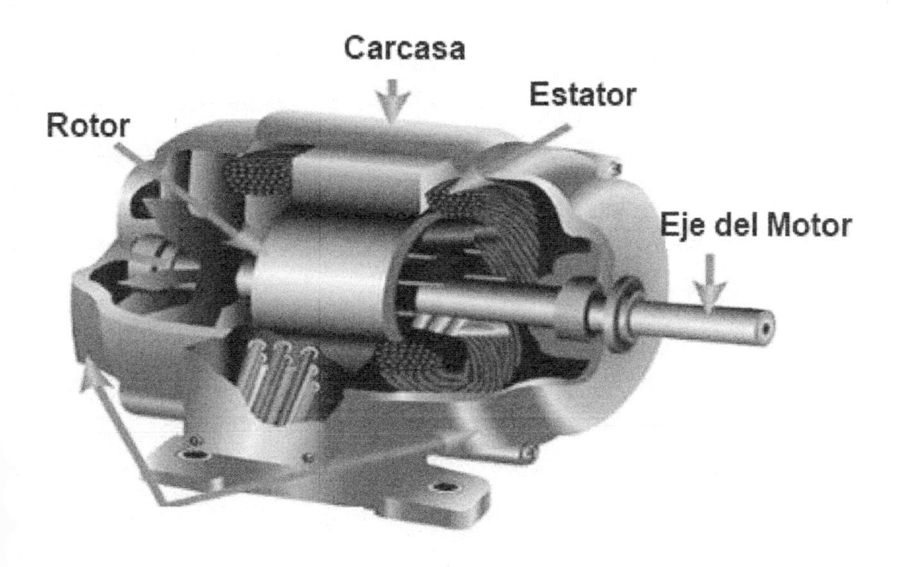

El Campo Giratorio del Motor Trifásico

Recordamos que la corriente trifásica produce un campo magnético giratorio, como descubrió Tesla.

Pero veamos cómo se genera este campo giratorio en el motor trifásico asíncrono, campo que ya sabemos que seguirá el campo magnético inducido en el rotor.

Una corriente con onda senoidal por una de las bobinas,

producirá un campo magnético también con la misma forma de onda, es decir senoidal.

En la imagen siguiente tienes los 3 campos generados en el estator de un motor asíncrono trifásico.

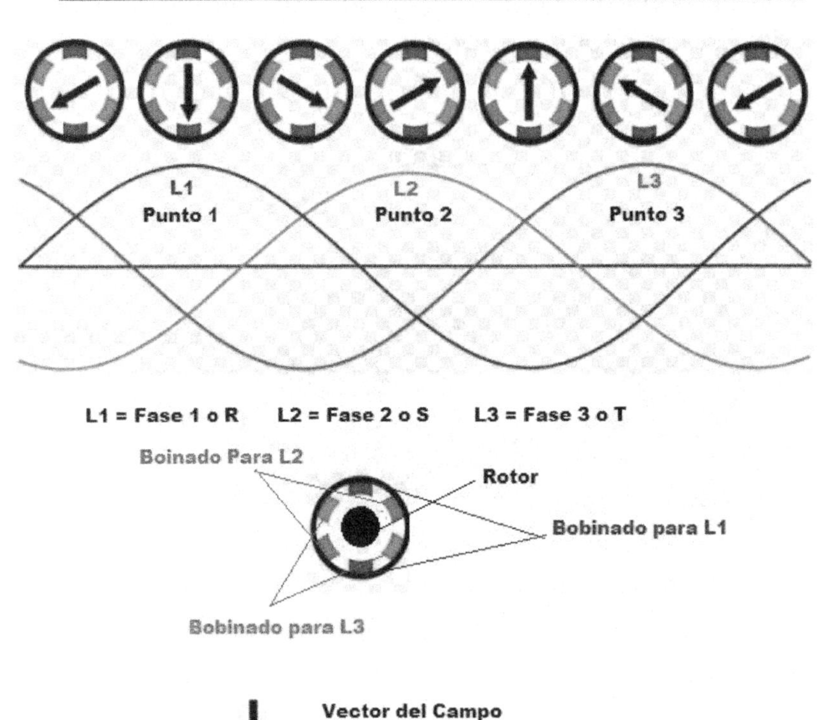

En el momento o punto 1 de la gráfica, habrá 3 campos creados, dos negativos creados por L2 y L3 y uno positivo creado por L1 y que al tener la corriente el valor máximo será el campo máximo que puede crear L1.

La suma vectorial de los 3 campos nos da el vector de color negro dentro del motor.

En el punto 2 ahora será L2 la que crea el campo máximo y los otros dos serán negativos.

La suma de los 3 nos da como resultado el vector en esa posición.
Se puede comprobar cómo ha girado.

En la posición 3 el máximo campo lo crea L3 y los otros dos son negativos.

El vector del campo y el campo sigue girando.

Ya tenemos nuestro campo giratorio creado por las corrientes trifásicas.

Puedes ver una imagen animada en el siguiente enlace: https://www.areatecnologia.com/electricidad/imagenes/campo-magnetico-giratorio-trifasica.gif

Velocidad del Motor Trifásico Asíncrono

Como ya sabemos, este tipo de motores se llaman asíncronos porque la velocidad del rotor es menor que la del estator.

Por eso llamamos **deslizamiento** a la diferencia entre estas 2 velocidades, la del estator, que será la llamada velocidad de sincronismo y la del rotor.

$S = [(ns - n)/ns] \times 100$

S = deslizamiento en tanto por ciento %.

ns = velocidad síncrona del campo magnético del estator.

n = velocidad del rotor.

Un ejercicio sencillo:

Un motor asíncrono trifásico de rotor en cortocircuito posee una velocidad síncrona de 3.000 r.p.m.

¿Cuál será el deslizamiento del rotor a plena carga si se mide con un tacómetro una velocidad de 2.850 r.p.m.?

S = [3000-2850/3000] = 5%.

Cuando **aumenta la carga en el rotor del motor, la velocidad del rotor decrece, con lo que aumenta el deslizamiento**.

Esto provoca que **el flujo del estator corte las barras de rotor a mayor velocidad, y por consiguiente se incrementa mucho la intensidad inducida en el rotor** y el consiguiente aumento del "**par motor**" precisamente para vencer el "**par resistente" de la carga**.

Esto es lo que ocurre por ejemplo en el arranque de los motores.

En el arranque el rotor está parado por lo que ponerlo a girar desde esta posición suele tener como consecuencia que absorbe intensidades mucho más grandes que cuando está girando.

Estas intensidades de arranque pueden llegar a ser 7 veces mayores que una vez en marcha el motor.

Sin embargo, **la velocidad del rotor no disminuye mucho con el aumento de carga**, es decir los **deslizamientos** de los motores trifásicos **no suelen ser muy grandes**.

La velocidad síncrona del campo giratorio **depende del número de polos** con el que se construyan los devanados en el estator y de la frecuencia de la red a la que se conecte (En España 50Hz en América 60Hz):

ns = (60 x F) / p

ns = velocidad síncrona del campo giratorio del estator.

F = Frecuencia de la red trifásica en Hertzios (Hz).

p = Número de pares de polos del estator.

El mínimo par de polos sería 1 par de polos (Norte-Sur).

Motor con 1 Par de Polos por Fase

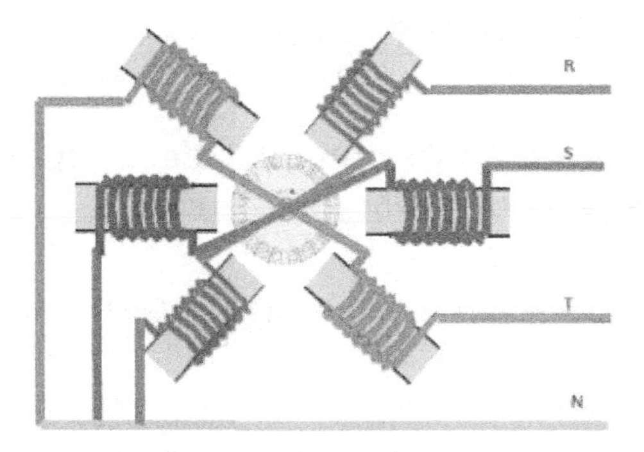

Motor con 2 Pares de Polos por Fase

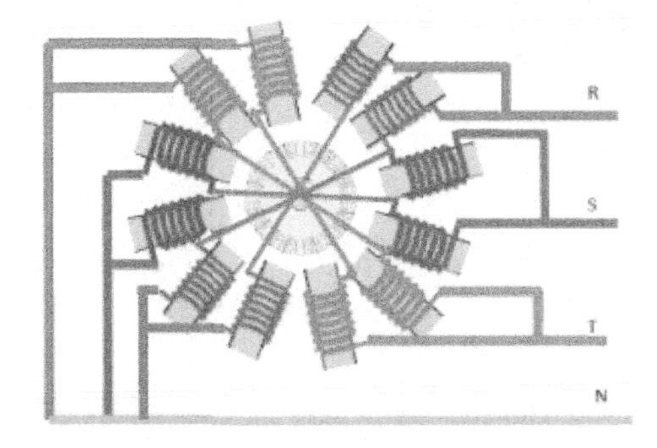

Por ejemplo, si se tiene una máquina de 1 par de polos (2 polos) trabajar a 3.000rpm a 50hz, de 2 pares de polos (4 polos) la máquina girará a 1.500 revoluciones por minuto.

OJO la velocidad en revoluciones por minuto (rpm)

Si fuera de 3 pares de polos sería de 1000rpm y si fuera de 4 pares de polos sería de 750rpm.

Los polos tienen que ver con el número de bobinas que tenemos por cada fase en el bobinado del estator.

Normalmente sabiendo **la velocidad del motor**, que **viene en la placa de características**, lo que hacemos es averiguar el número de polos del motor.

Pérdidas del Motor Trifásico

La potencia absorbida (o nominal) de un motor, la que viene en la placa de características, es:

$$Pabs = \sqrt{3} \times Vn \times In \times cose\ fi$$

Pero esta potencia no se transmite por completo en el eje del motor porque los motores tienen pérdidas.

Las pérdidas principales son:

- **Pérdidas en el Cobre**, debidas a la resistencia de los bobinados.

- **Pérdidas en el hierro,** debidas a la histéresis y a las corrientes parásitas o de Foucault.

- **Pérdidas mecánicas**, debidas a los elementos giratorios por rozamientos.

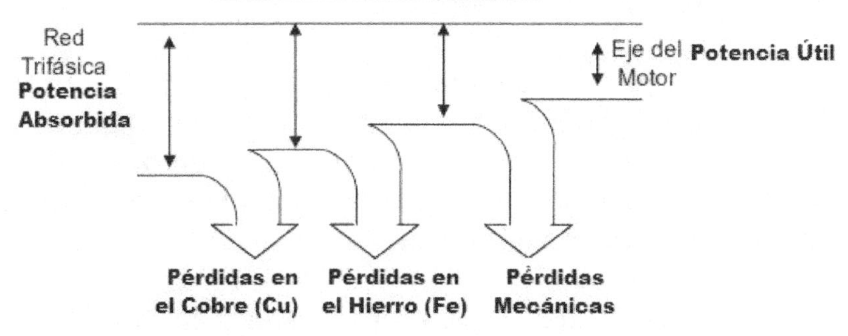

Rendimiento en % = (Pu / Pabsor) x 100

El rendimiento (η) de un motor es:

η = (Pútil / Pabsorbida) x 100; en tanto por ciento.

La potencia útil, si ponemos el rendimiento en número, no en porcentaje (por ejemplo rendimiento de 0,87, en lugar del 87%) será:

Pu = η x Pabsorbida = η x √3 x Vn x In x cose fi

Recuerda 1CV = 736 vatios (w), en muchos problemas viene la potencia expresada en caballos de vapor.

Arranque, Aceleración y Carga del Motor Trifásico

Cuando **el motor pasa de funcionar en vacío a arrastrar una carga mecánica**, el rotor tiende a frenarse por el par resistente que produce la carga, par contrario al giro del rotor.

Esto hace que el movimiento relativo del campo magnético

giratorio respecto al rotor aumenta, lo que produce **un aumento de la f.e.m. y de la corriente inducida en los conductores o chapas del rotor**.

Dado que el **par de fuerzas que se desarrolla en el rotor o par motor** depende de esta corriente, se produce un aumento de dicho par que **tiende a equilibrar el par resistente con el par motor hasta alcanzar el punto de equilibrio** que sería el Par Nominal Mn.

De aquí se entiende que **según aumenta la carga en el motor, también aumenta el deslizamiento y el par motor**.

La característica del motor nos indica la relación entre el par del motor y su velocidad.

El par que desarrolla un motor de inducción está íntimamente relacionado con la velocidad del rotor.

Dado que su relación matemática resulta un poco complicada, por lo general, **esta relación se expresa gráficamente** mediante una **curva característica de par-velocidad**.

La **curva del motor par-velocidad** nos determina su funcionamiento.

Curva Par-Velocidad

A continuación podemos ver la curva de un motor con el par motor (Mm) y el par resistente (Mi) en función de su velocidad (n).

Par Resistente = Par de la Carga del Motor, por ejemplo un eje al que se le ha acoplado un montacargas.

CURVA PAR MOTOR Y RESISTENTE-VELOCIDAD

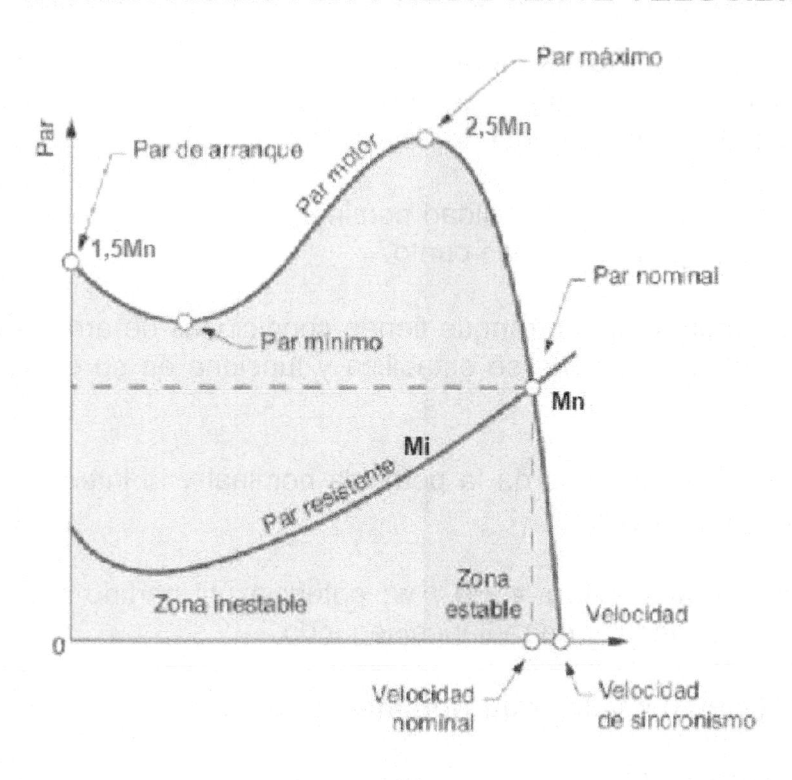

Al principio el par resistente es menor que el par del motor, en caso contrario el motor no podría arrancar.

Además, la curva del Par resistente debe ser siempre menor que la del motor, en caso contrario el motor no podría girar

Como el par motor es mayor que el resistente el motor se acelera, aumentando el Resistente y el Motor haciendo la curva de la gráfica.

En el momento en el que **las 2 curvas se juntan** se igualen los pares y **ahí es donde se quedará funcionando el motor**, el Par Nominal.

Si te fijas en la velocidad (n) es un poco menor que la de sincronismo, ya que si alcanza esta velocidad, como sabes dejaría de funcionar.

Funcionamiento Nominal= funcionamiento del motor en condiciones normales de operación para el que fue diseñado, es decir donde trabaja normalmente.

El par nominal, la intensidad nominal, la velocidad nominal, etc. serán valores en ese punto.

Los motores en el arranque tienen condiciones de arranque diferentes hasta que se estabiliza y funciona en su estado normal, o nominal.

El par nominal, nos da la potencia nominal y la intensidad nominal o viceversa.

Par nominal = Mn = Pu / w; potencia útil partido por la velocidad angular en radianes/segundo;

w = (2π/60) x Velocidad Nominal en rpm (n)

Mn = (Pu x 60) / (2π x n) = Newton x metros

En la curva mostrada como ejemplo se puede observar que en el momento del arranque del motor (n = 0rpm) se obtiene un **par de arranque 1,5 veces mayor que su par nominal (Mn)**.

Si hacemos que este motor arrastre una carga que origine un par resistente Mi, el motor adaptará su velocidad hasta conseguir desarrollar un par motor "Mn" que consiga arrastrar la carga mecánica.

Esto se consigue a la velocidad "n" nominal.

En el caso de que aplicáramos un par resistente mayor, la velocidad disminuiría hasta que se alcanzara el equilibrio entre el par motor y el par resistente.

En el caso de que el par resistente fuese mayor que el par máximo que puede desarrollar el motor (en nuestro ejemplo: **Mmáx = 2,5Mn**) **el motor se pararía**.

Hagamos un ejercicio:

Ejercicio: Un motor asíncrono trifásico posee las siguientes características: potencia eléctrica absorbida de la red 8 kW; 400 V; 50 Hz; cos de fi 0,85; rendimiento del 93%; pares de polos del devanado estatórico 2; deslizamiento a plena carga del 4%.

Calcular el par de rotación del rotor.

¿Cuál sería el par de arranque y el par máximo de este motor si su característica mecánica es la que se muestra en la figura siguiente?

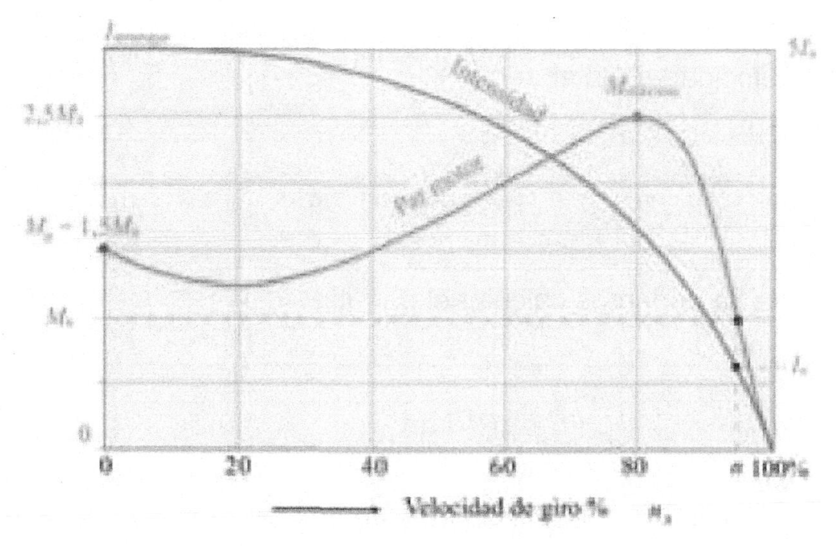

Primero calculamos la potencia útil del motor:

$$\eta = \frac{P_u}{P} \cdot 100 \Rightarrow P_u = \frac{P}{100}\eta = \frac{8.000}{100} \cdot 93 = 7.440 \text{ W}$$

La velocidad síncrona del campo giratorio sería:

$$n_s = \frac{60f}{p} = \frac{60 \cdot 50}{2} = 1.500 \text{ r.p.m.}$$

La velocidad del rotor la calculamos mediante el deslizamiento:

$$S = \frac{n_s - n}{n_s} \cdot 100 \Rightarrow$$

$$\Rightarrow n = n_s - \frac{S \cdot n_s}{100} = 1.500 - \frac{4 \cdot 1.500}{100} = 1.440 \text{ r.p.m.}$$

La velocidad angular será:

$$\omega = \frac{2\pi n}{60} = \frac{2 \cdot \pi \cdot 1.440}{60} = 151 \text{ rad/s}$$

Ahora ya podemos calcular el par útil:

$$M_n = \frac{P_u}{\omega} = \frac{7.440}{151} = 49 \text{ Nm}$$

Y según las características de este motor:

$$M_a = 1{,}5\,M_n = 1{,}5 \cdot 49 = 73{,}5 \text{ Nm}$$

$$M_a = 2{,}5\,M_n = 1{,}5 \cdot 49 = 122{,}5 \text{ Nm}$$

Características Técnicas

La mayoría de las características de los motores eléctricos se suele expresar en la propia **placa de características** del motor, tales como tensiones, potencia, frecuencia, velocidad, nivel de protección, clase de aislamiento, factor de potencia, tipo de servicio, etc.

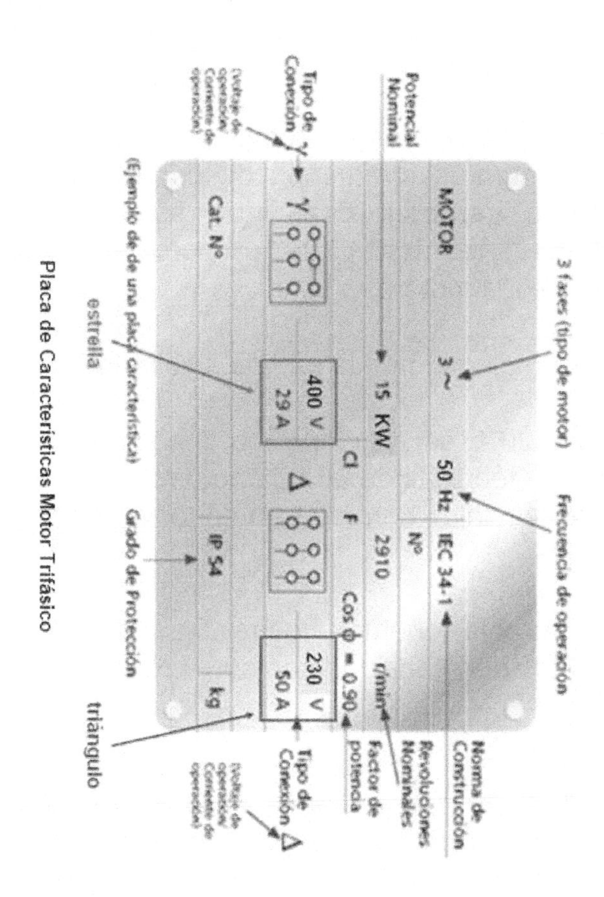

Placa de Características Motor Trifásico

La Intensidad Nominal del Motor se puede obtener de la potencia nominal o absorbida (son la misma):

$Pn = \sqrt{3} \times \eta \times Vn \times In \times \times \cos fi$; donde η es el rendimiento del motor a plena carga.

Ejercicio: Se desea conectar a una red trifásica de 400V un motor trifásico de inducción de 230/400V, 50Hz y 22Kw de potencia nominal, rendimiento a plena carga del 91,7% (0,917), factor de potencia 0,88 y 2.945rpm de velocidad nominal.

¿Qué intensidad absorberá de la línea?

solución : 39,35A

Para obtener otros datos, como el comportamiento en servicio a diferentes regímenes de carga, tendremos que recurrir a las **características que se facilitan en las informaciones técnicas** que proporcionan los propios fabricantes de los motores.

Puedes ver un ejemplo en la página siguiente.

En la Tabla 20.1 se muestran, a modo de ejemplo, las características técnicas de una gama de motores asíncronos trifásicos comerciales con rotor en cortocircuito de un par de polos y 50 Hz.

Debajo de la tabla tenemos hecha una comprobación para ver si los datos de intensidad son correctos.

Tabla 20.1

kW	r.p.m.	η	FP	I_n	$\frac{I_a}{I_n}$	$\frac{M_a}{M_n}$	$\frac{M_{máx}}{M_n}$
1,1	2.880	83,8	0,77	2,5	4,8	3,6	3,6
1,5	2.880	84,1	0,80	3,2	8,1	3,6	4,0
2,2	2.860	85,6	0,85	4,4	8,5	3,5	3,7
3	2.920	86,7	0,84	5,9	12,3	4,2	6,3
4	2.940	89,9	0,86	7,5	12,5	4,3	4,5
5,5	2.920	88,6	0,88	10,1	8,9	3,0	3,2
7,5	2.900	89,5	0,90	13,5	7,9	3	3,5
11	2.930	90,7	0,86	20,4	7,3	2,4	3,1
15	2.930	91,6	0,86	27,5	7,6	2,5	3,1
18,5	2.930	92,0	0,86	33,5	7,9	2,8	3,4

M_a/M_n = Indica la relación entre el par de arranque y el nominal para un arranque directo.

$M_{máx}/M_n$ = Indica la relación entre el par máximo que puede desarrollar el motor y el nominal.

I_a/I_n = Indica la relación entre la intensidad de arranque y la nominal para un arranque directo.

Vamos a comprobar si el motor de 11Kw del catalgo comercial de la tabla anterior absorbe realmente la intensidad que se indica para la potencia nominal Pu = 11Kw, rendimiento del 90.7% (η), coseno fi = 0,86, Vl = 400V.

La potencia que el motor absorbe de la red a plena carga es:

P = Pu / η x 100 = 11.000 / 90,7 x 100 = 12.128w

La intensidad nominal será:

I = P / (√3 x Vl x cose fi) = 12.128 / (√3 x 400 x 0,86) = 20,4A

El valor es el mismo que viene especificado en la tabla de las características técnicas.

Curva de la Intensidad del Motor con el Par

A la curva estudiada anteriormente (Par-Velocidad) le hemos añadido la curva de la intensidad en cada momento según velocidad del motor.

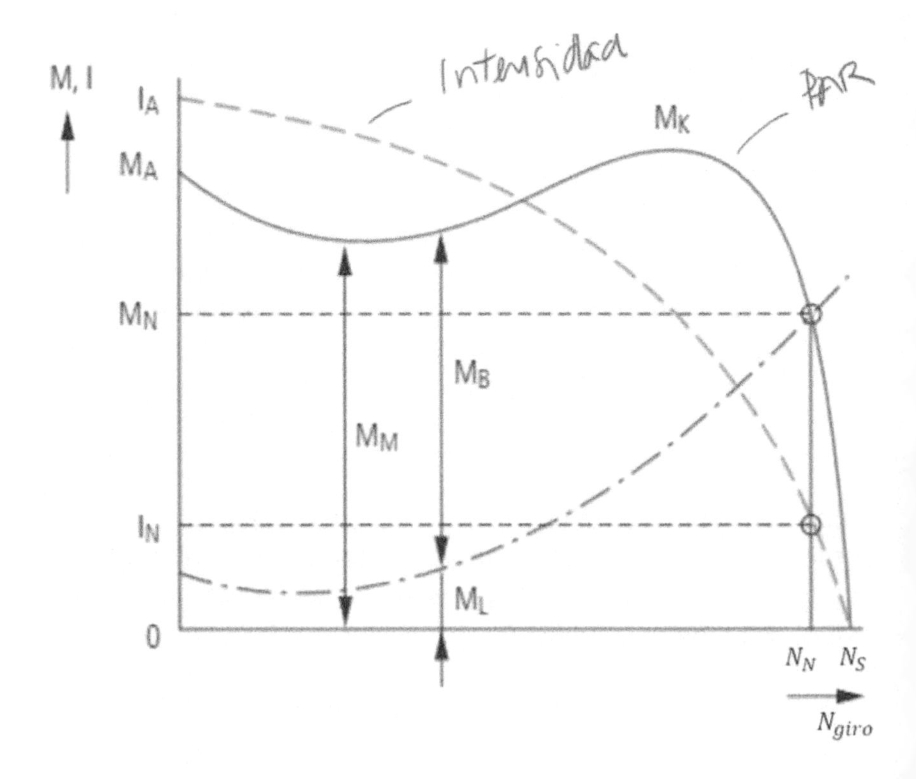

I_A = Corriente de arranque
I_N = Corriente nominal
M_A = Par de arranque
M_B = Par de aceleración
M_M = Par motor
M_K = Par máximo
M_L = Par de carga
M_N = Par nominal
N_N = Velocidad nominal
N_S = Velocidad de sincronismo

Si te fijas en el arranque la intensidad es muy alta, puede llegar a 7 u 8 veces la nominal.

Según se va acelerando baja el valor de la intensidad absorbida por el motor, hasta llegar a la nominal.

Conexiones de los Bobinados del Estator en un Motor Trifásico

El devanado o bobinado trifásico del estator de un motor asíncrono son las bobinas donde se conectará cada fase.

Las bobinas están distribuidas en 3 fases y se distribuyen en las ranuras del interior de la circunferencia del estator.

Cada una de las 3 bobinas del estátor tienen dos mitades colocadas en posiciones diagonalmente opuestas respecto al estator.

Cada mitad creará un polo del campo magnético (norte y sur).

Las bobinas están desfasadas 120º entre sí.

El sentido de arrollamiento de las bobinas es tal que, cuando la corriente pasa a través de ellas, se induce un campo magnético a través del rotor.

En este caso cada bobina tiene 2 polos, con lo que el motor será bipolar.

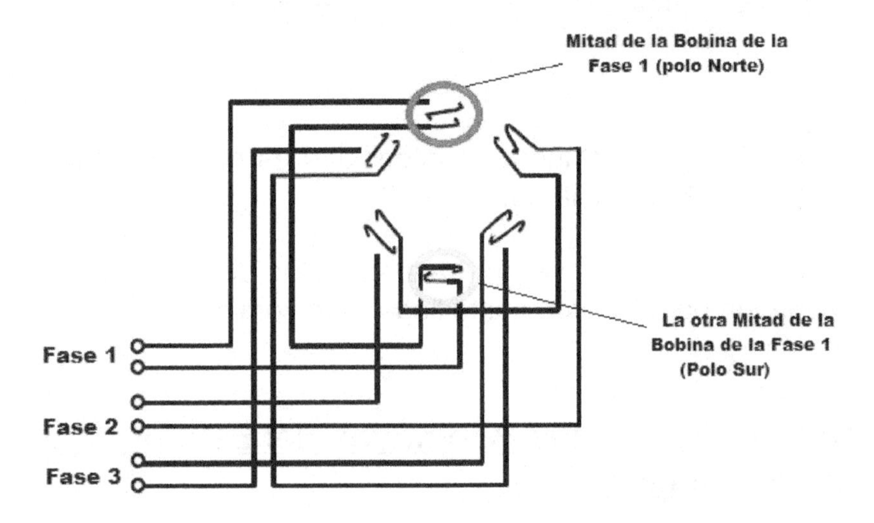

Todas las bobinas que se conectan a la misma fase están unidas en serie formando una única bobina o bobinado, con un principio y un final.

Como tenemos 3 fases, tenemos 3 principios y 3 finales, en total 6 extremos, terminales o bornes para conectar.

Incluso si las bobinas de una misma fase estuvieran conectadas en paralelo (algunas veces puede ser así) también tendríamos 3 principios y 3 finales.

Fíjate en la siguiente imagen.

Tienes un bobinado de **un motor de 2 pares de polos y después conexiones de las bobinas en estrella y en triángulo**.

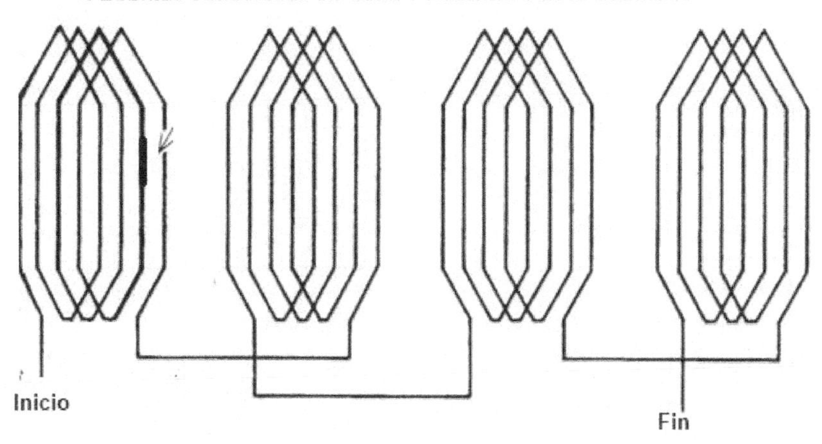

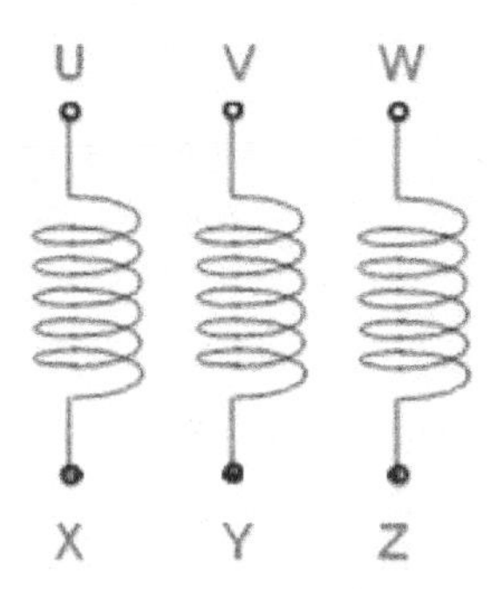

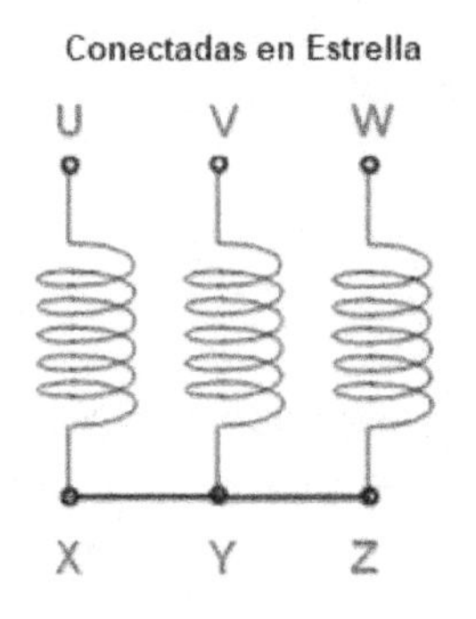

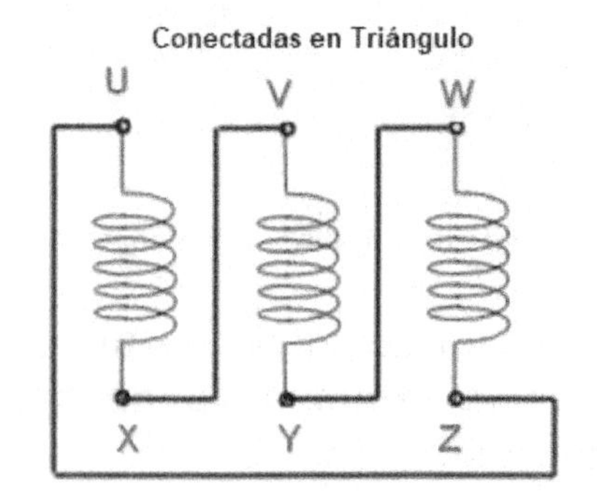

CAJA DE BORNES DEL MOTOR TRIFÁSICO

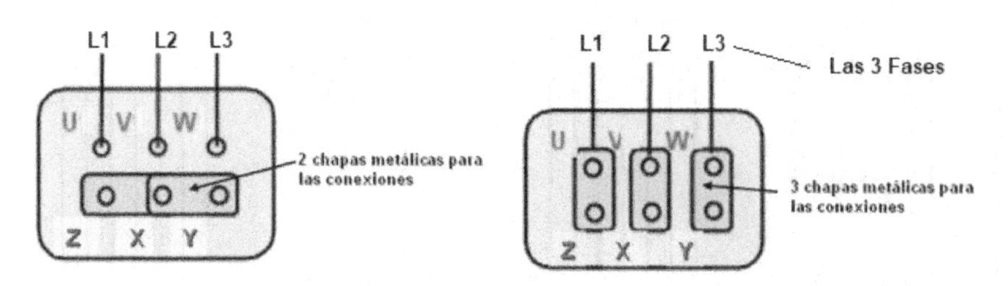

Los terminales también se suelen llamar U1-V1-W1 los principios de los bobinados y U2-V2-W2 los finales.

Si te interesa la conexión de los bornes en la caja de bornes de otro tipo de motores, como el dahlander, el de rotor bobinado, el de 9 o 12 bornes, busca en google: "areatecnologia Conexión Bornes Motores"

No vamos a explicar demasiado sobre el bobinado de los motores, ya que es un aspecto constructivo y poco nos interesa.

Simplemente te dejamos un esquema de cómo sería el bobinado de un estator de 36.

En cada ranura iría una bobina y las bobinas irían unidas según el esquema.

El número de polos resultante sería de 2 pares de polos o 4 polos en total.

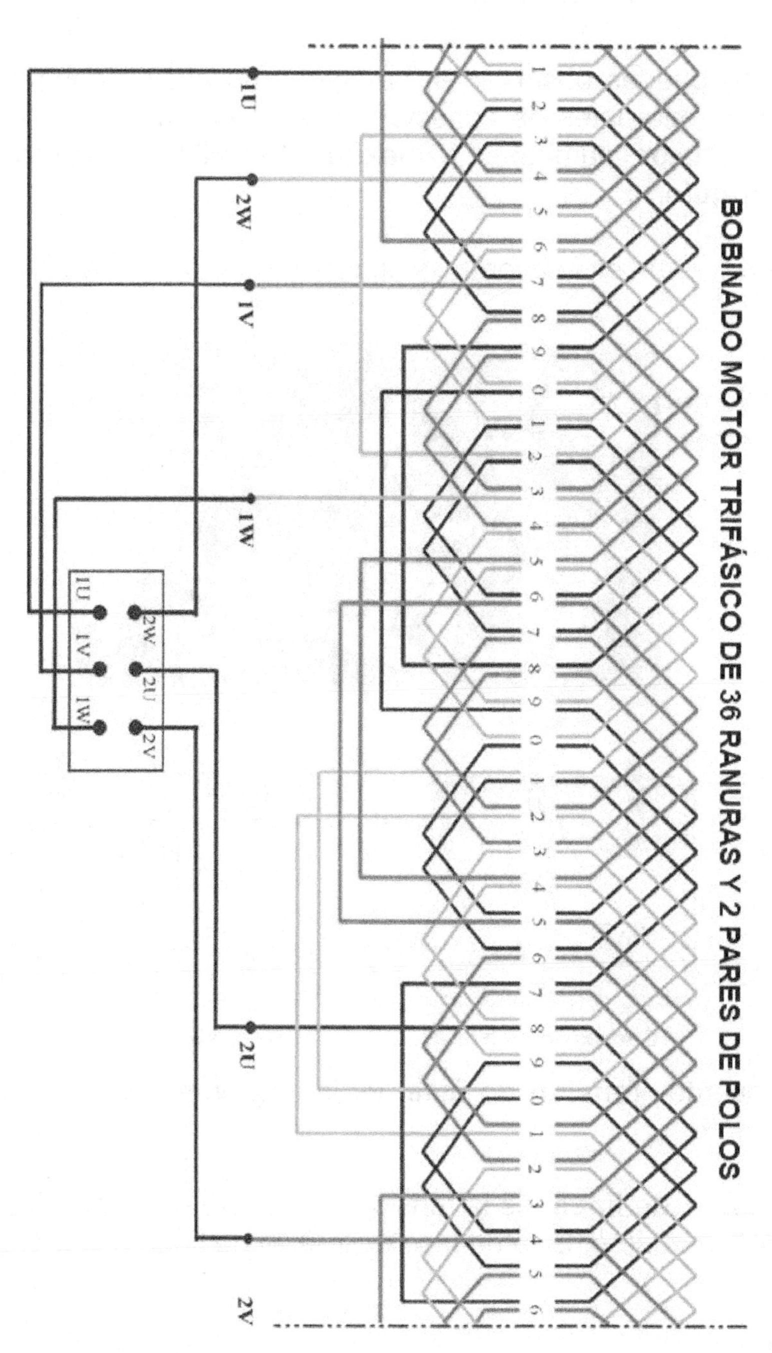

Conexión Estrella-Triángulo

Como puedes observar en la imagen de abajo, tenemos 2 formas diferentes de conectar los extremos de las bobinas del estator llamadas **Conexión Estrella y Conexión Triángulo**.

Pero...¿cuál es la diferencia eléctrica entre una y otra?

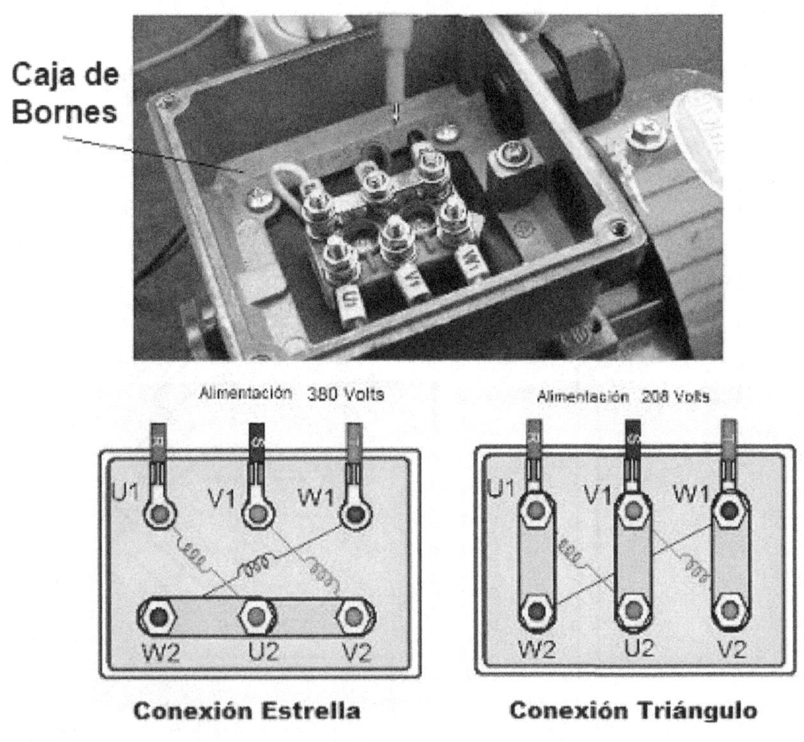

Conexión Estrella **Conexión Triángulo**

Recuerda: **Tensión de fase**: es la tensión entre una fase y el neutro.

Tensión de línea: es la tensión que existe entre dos fases. La VL = √3 x Vf. Si la de fase es 230, la de línea es de 400V.

Al conectar las bobinas del motor en triángulo, las bobinas quedan alimentadas a la misma tensión que la red de alimentación.

Si es una alimentación trifásica de 400V (Vlinea), las bobinas del motor quedan sometidas a esa misma tensión 400V.

Al conectar las mismas bobinas en estrella, al tener **un punto neutro** en el centro que une todos los finales de las bobinas, quedan sometidas a la misma tensión que entre fase y neutro de la red, Vf = VL / √3.

Si Vf es 400V quedan sometidas a 230V.

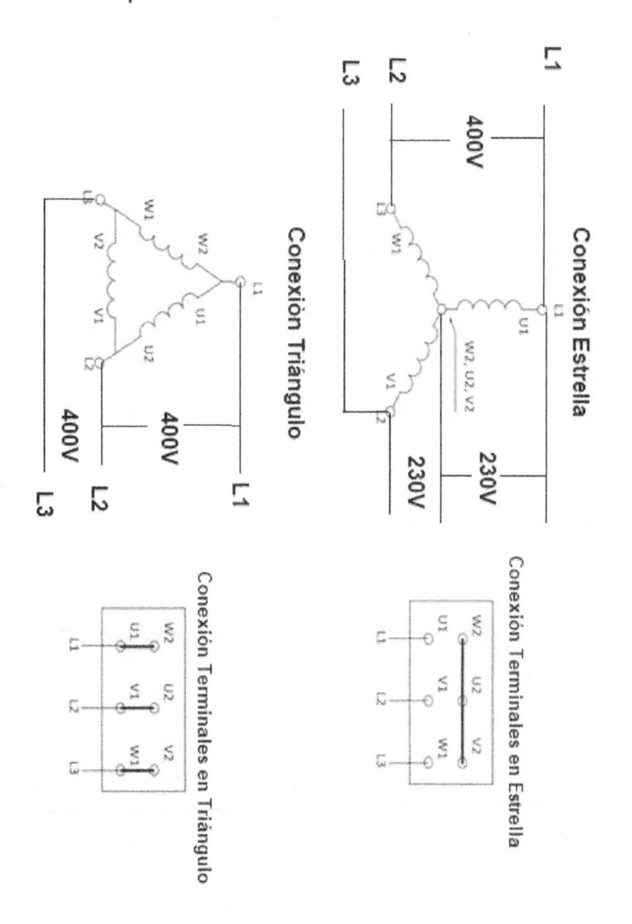

Como puedes observar **tenemos que tener en cuenta la tensión de alimentación para conectarlo en estrella o en triángulo**.

Por ejemplo, un motor que sus bobinas trabajan a 400V en su funcionamiento normal (nominal), si lo queremos conectar a una alimentación trifásica de 400V, lo podemos hacer en triángulo perfectamente.

En estrella también pero trabajarían a menor tensión de la de trabajo, trabajarían las bobinas a 230V.

Si ahora es un motor que sus bobinas trabajan a 230V, si lo queremos conectar a una alimentación de 400V solo podríamos conectarlo en estrella, **en triángulo quemaremos las bobinas**.

¡¡¡**Mucho cuidado con esto**!!!.

Pero…

¿Cómo sabemos la tensión de trabajo de las bobinas de un motor?

Esta tensión **viene en la placa de características**. Suele venir expresada de la siguiente manera:

220V/400 --> significa que se puede conectar en estrella a 400V y en triángulo a 220V.

La tensión normal de trabajo y máxima que aguantan las bobinas siempre es la que marca en triángulo, en este caso 220V.

Nunca podemos superar esta tensión en las bobinas del motor.

Si este motor lo queremos conectar a una red trifásica de 400V entre fases.

¿Cómo lo deberíamos conectar?

Lógicamente en estrella, en triángulo quemaremos las bobinas, ya que se quedarían a 400V.

¡¡¡Siempre mirar como están las conexiones de las bobinas antes de hacer un arranque de un motor trifásico!!!

Normalmente los motores suelen ser de **400V/690V**, porque las redes trifásicas son de 400V y por lo tanto lo puedo conectar en triángulo a las 3 fases y en estrella, aunque en este último caso las bobinas quedarían a 230V funcionando a tensión más baja de lo normal (valdrá para el arranque como luego veremos).

En definitiva:

- 220/380V - Se puede conectar a una red de 220V directamente en triángulo.

En estrella a una red máxima de 380V. OJO nunca en triángulo a una red de 380V

- 380/660V - Se puede conectar a una red de 380V en triángulo y 660V en estrella.

Si lo conectamos en estrella en una red de 380V las bobinas del motor quedan a 230V.

- 400/690V - Se puede conectar a una red de 400V en triángulo y 690V en estrella.

Si lo conectamos en estrella en una red de 400V las bobinas

quedan trabajando a 230V.

En la caja de bornes de los motores aparecen los **seis terminales** correspondientes a los tres devanados del motor **más el terminal de conexión a tierra**.

La disposición de los terminales siempre se hace de la misma forma, siguiendo las normas internacionales.

Para conseguir la conexión en estrella, basta con unir con unos puentes los finales Z-X-Y.

La conexión en triángulo se consigue realizar con facilidad al unir con unos puentes los terminales (U-Z), (V-X), (W-Y).

Cambio Sentido de Giro

Para cambiar el sentido de giro del motor solo hay que cambiar el orden de una de las fases.

Más adelante veremos esquemas de arranque completos de estos motores, pero de momento aprendamos qué es lo que tenemos que hacer para que cambien su sentido de giro.

Estos motores asíncronos **arrancan sin ayuda**, no como los de monofásica que luego veremos, pero es necesario controlar la corriente y tensiones producidas en el rotor en el arranque ya que pueden ser muy elevadas.

Fíjate en el esquema de la página siguiente y cómo cambiamos el orden de las fases, ya sea en triángulo o en estrella.

Puedes ver esto más amplio buscando; "areatecnologia Arranque Estrella-Triángulo

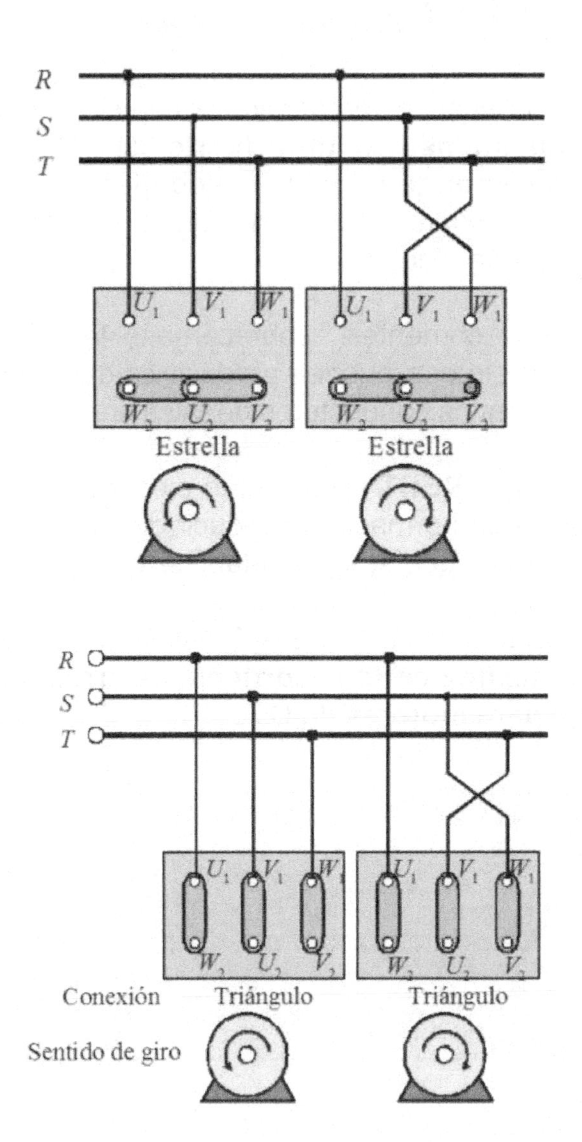
R
S
T
U_1 V_1 W_1
W_2 U_2 V_2
Estrella
Estrella
R
S
T
Conexión
Triángulo
Triángulo
Sentido de giro

Arranque de los Motores Trifásicos

Cuando se conecta el motor directamente a la red, éste **absorbe una intensidad muy fuerte de la línea en el momento del arranque**, lo que puede afectar no sólo a la duración de los aparatos de conexión, sino a la línea que suministra energía eléctrica.

Estas fuertes corrientes sobrecargan las líneas de distribución, por lo que pueden producir caídas de tensión y calentamiento en los conductores de tales líneas.

Por esta razón **el REBT** (reglamento electrotécnico de baja tensión) establece normas para reducir dichas corrientes de arranque a valores que sean aceptables.

En la instrucción técnica ITC-BT-47 del REBT se **establece la relación máxima entre la corriente de arranque y la de plena carga para motores** de C.A.

MOTORES DE CORRIENTE ALTERNA	
Potencia nominal del motor	Constante máxima de proporcionalidad entre la intensidad de la corriente de arranque y de la de plena carga
De 0,75 kW a 1,5 kW	4,5
De 1,5 kW a 5,0 kW	3,0
De 5,0 kW a 15,0 kW	2,0
De más de 15,0 kW	1,5

Normalmente **para reducir esta corriente de arranque de un motor se hace reduciendo su tensión**.

Hay que tener en cuenta que la disminución de la tensión del motor **hace también disminuir su par motor**.

Hay **varios métodos** para reducir la corriente de arranque reduciendo la tensión del motor: arranque estrella-triángulo, arranque con resistencias estatóricas, arranque por autotransformador y arrancadores estáticos.

Fíjate la curva característica de un motor trifásico y **la intensidad** que absorbe en cada momento el motor:

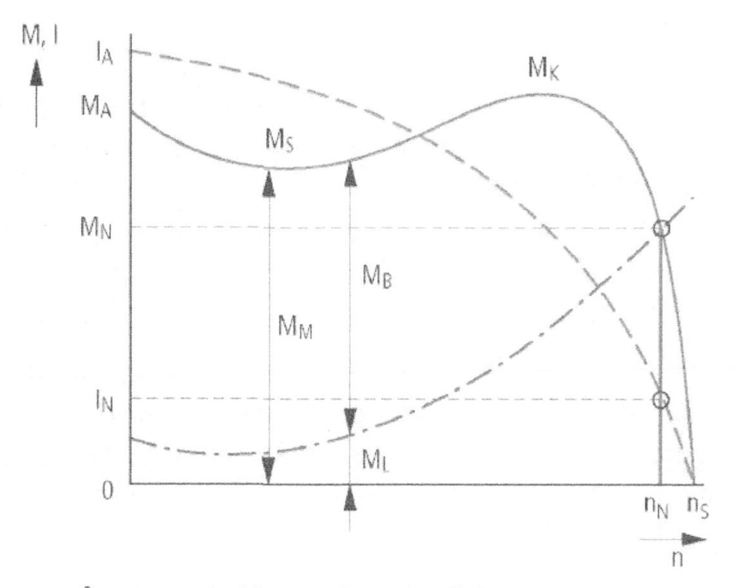

Curva característica del arranque de un motor trifásico asíncrono.

I_A = Intensidad de arranque.
I_N = Intensidad nominal en el punto de trabajo
M_A = Par de arranque
M_B = Par de aceleración ($M_M > M_L$)
M_K = Máximo valor del par
M_L = Par de la carga
M_M = Par del motor (punto de trabajo)
M_N = Par nominal de la carga
n = Velocidad (valor actual)
n_N = Velocidad nominal en el punto de trabajo
n_S = Velocidad de sincronización
($n_S - n_N$ = Velocidad de deslizamiento)

Veamos ahora los tipos de arranques más utilizados.

Arranque Directo Motor Trifásico

Es el que se presenta cuando **suministramos directamente al motor su tensión nominal**.

Solo está permitido para motores de pequeña potencia, 4 ó 5 CV y cuya relación entre la intensidad de arranque y la intensidad nominal sea **igual o inferior a 4,5**.

Iarranque / Inominal =< 4,5

Los motores con arranque directo absorben una gran punta de corriente en el momento del arranque, del orden de 4,5 a 7 veces la intensidad nominal.

Esto produce un par de arranque del orden de 1,5 a 2 veces el par nominal, lo que **permite arrancar estos motores a plena carga**.

El arranque directo se efectuará en estrella o en triángulo, según los valores de la tensión de red y las tensiones nominales del motor en cada tipo de conexión, como vimos anteriormente.

Estas conexiones en estrella o triángulo se realizan en el motor sobre su propia placa de bornes.

A continuación se muestra el esquema de fuerza y mando para el arranque directo de un motor asíncrono trifásico de rotor en cortocircuito.

Fíjate que el esquema se desglosa en 2, el esquema de mando y el de fuerza.

Si no sabes mucho de esquemas y automatismos puedes

aprender buscando: “Areatecnologia Automatismos”

MARCHA Y PARA MOTOR CON RETROALIMENTACIÓN

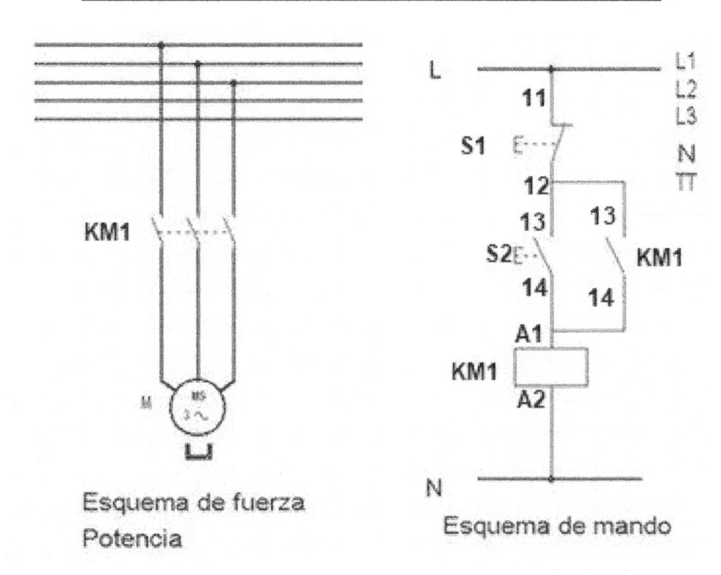

Mando de un motor mediante pulsadores de marcha y paro

Al pulsar el pulsador S2 se activa la bobina del contactor KM1 y hace que se cierren los contactos de fuerza de KM1 arrancando el motor.

Además el contacto abierto del KM1 13-14 se cierra y aunque soltemos el pulsador S2 la bobina queda con alimentación por un contacto de ella misma (retroalimentación o enclavamiento).

Normalmente este esquema se mejora con elementos de protección como son un guardamotor o **interruptor magnetotérmico** para proteger el motor contra **sobreintensidades y cortocircuitos** y un **relé térmico** para proteger el motor de **sobrecalentamientos**.

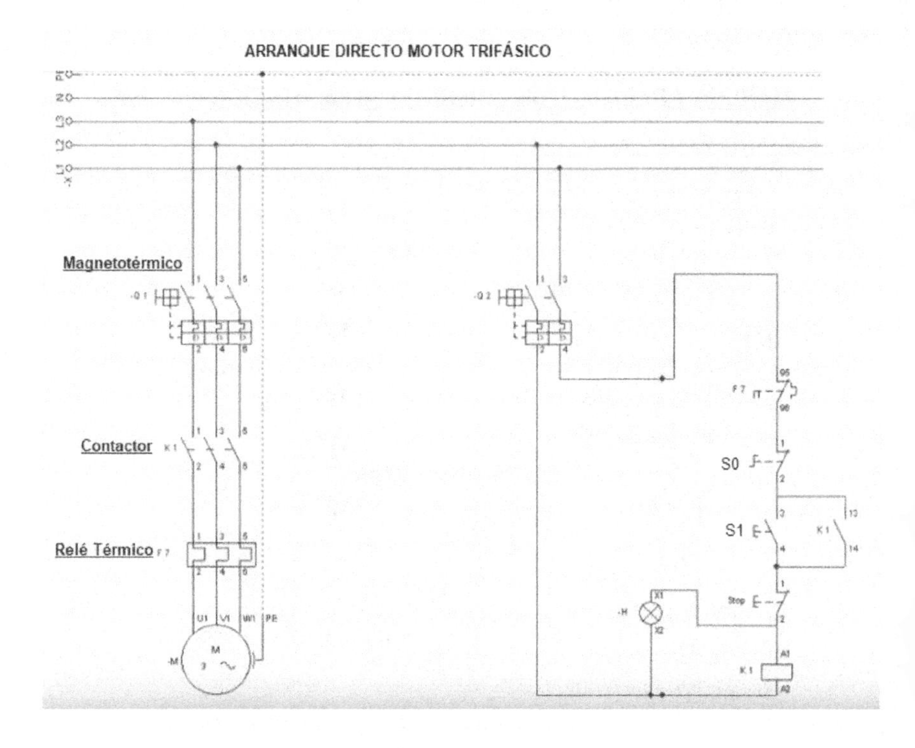

Arranque Estrella-Triángulo

Este método es el método más usado y conocido de todos. Sirve para el arranque de motores menores de 11Kw de potencia eléctrica.

Si conectamos en estrella las bobinas quedan trabajando a una tensión raíz de 3 veces menor a la de trabajo en triángulo, que es la normal de trabajo del motor.

Recuerda, Tensión en estrella = Tensión en triángulo/√3.

Esto significa que **la corriente por las bobinas del motor cuando están conectadas en estrella es 3 veces menos que en triángulo**.

Estas 3 impedancias o bobinas en triángulo consumen

el triple de corriente de línea que en estrella, a la misma tensión de red. En la conexión estrella-triángulo **se reduce 3 veces la corriente de arranque del motor arrancando el motor en estrella**.

Lo que se suele hacer en los motores trifásicos es arrancarlos inicialmente en estrella y pasado un tiempo se pasa a triángulo (3 o 4 segundos).

Se llama arranque estrella-triángulo.

Se trata de que en el arranque el motor vaya cogiendo revoluciones poco a poco, en estrella, y después de un tiempo se ponga en marcha normal, en triángulo.

Fíjate en las gráficas o curvas de este tipo de arranque.

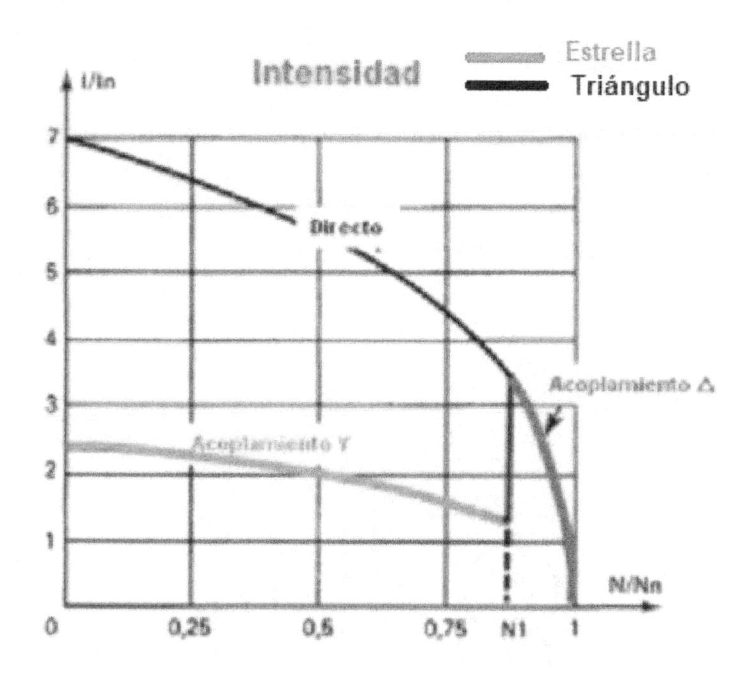

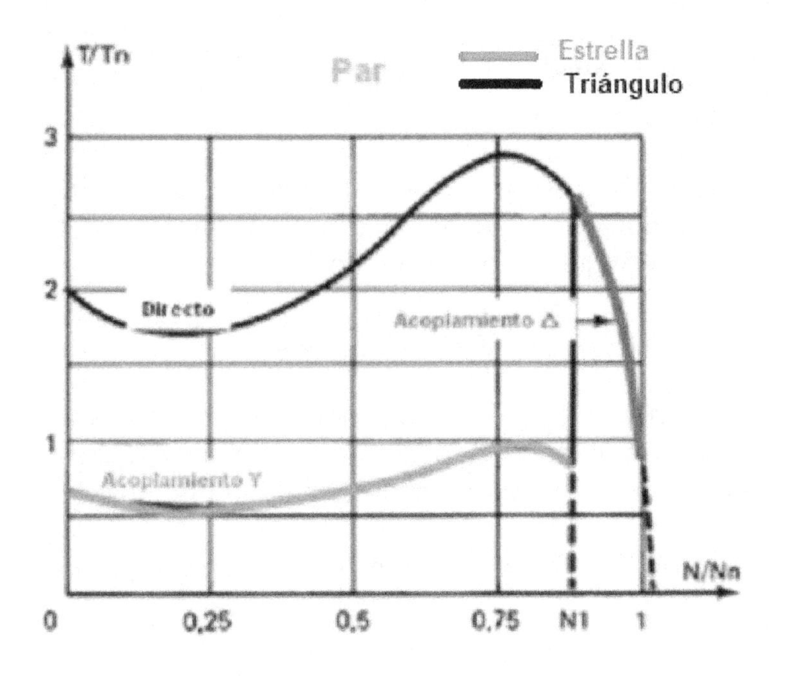

Ahora veamos un esquema para este tipo de arranque de motores.

El Esquema de Fuerza sería:

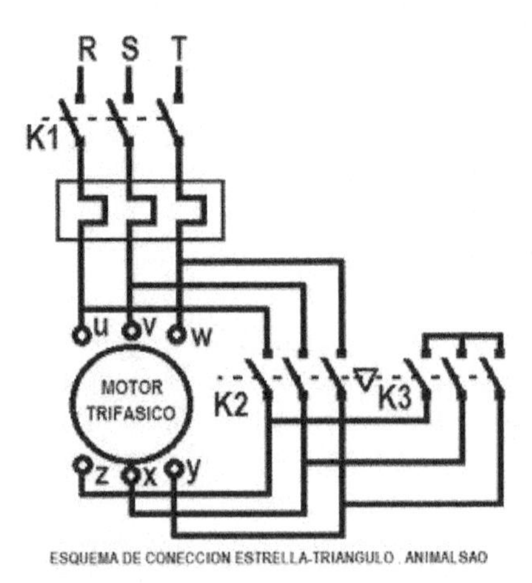

En el arranque se debe conectar el contactor K1 y el K3 (estrella), pasados unos segundos se conecta en triángulo con el K1 y el K2.

Este circuito es el Circuito de Fuerza (salida).

Y ahora veamos como sería el circuito de mando o control:

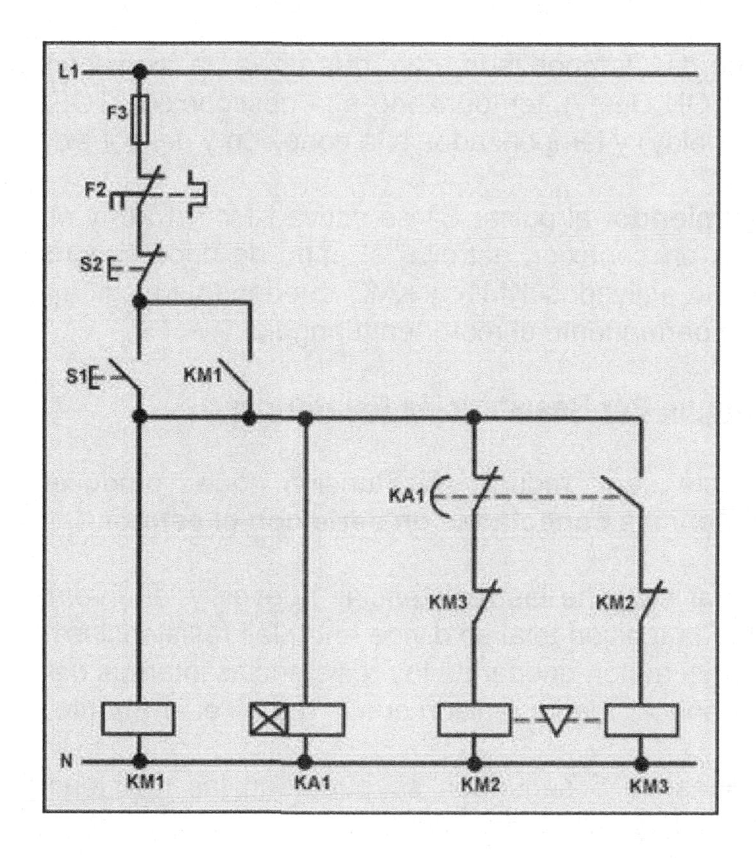

F2 es simplemente un interruptor térmico que pararía el motor si su temperatura se eleva mucho. S1 sería el pulsador de arranque y S2 el de paro.

KA1 es un bobina (relé) que se activa a la desconexión, es decir cuando le llega corriente a la bobina del contactor KA1 cambian de posición los contactos (se activa KM3), pasado 3 segundos vuelven a su posición (se desactiva KM3 y se activa KM2).

Este contactor hace el cambio de estrella a triángulo. El contactor KM1 siempre está activado a no ser que paremos el motor con S2 o que salte el relé térmico.

Recuerda: temporizado con retardo a la conexión(TON, Timer ON Delay), temporizado a la desconexión(TOF, Timer OFF Delay) y temporizados a la conexión y desconexión.

Resumiendo: al pulsar S1 se activa KM1 y KM3 y el motor queda en conexión estrella, al cabo de unos segundos se quedan activados KM1 y KM2 quedando funcionando de forma permanente el motor en triángulo.

Arranque Por Resistencias Estatóricas

Consiste en reducir la tensión que producen las **resistencias conectadas en serie con el estator**.

Al estar en serie las resistencias nuevas y las internas del motor, la tensión total se divide entre las resistencias nuevas y las del motor, quedando las resistencias internas del motor trabajando a menor tensión que la red en el arranque.

Después de 5 segundos se puentean las resistencias de arranque y el motor pasa a la condición normal de operación. Los resistores o resistencias se ajustan para conseguir una reducción del voltaje nominal (Vn) al 70%.

Este arranque se utiliza en motores de hasta 25Hp.

Vresistencias del bobinado del motor = Vf - Vresistencias nuevas en serie.

Incluso podríamos poner 2 resistencias en serie con las del motor, en la primera fase puentear unas y en la segunda puentear las dos.

El arranque se haría en 3 pasos.

ARRANQUE POR RESISTENCIAS ESTATÓRICAS

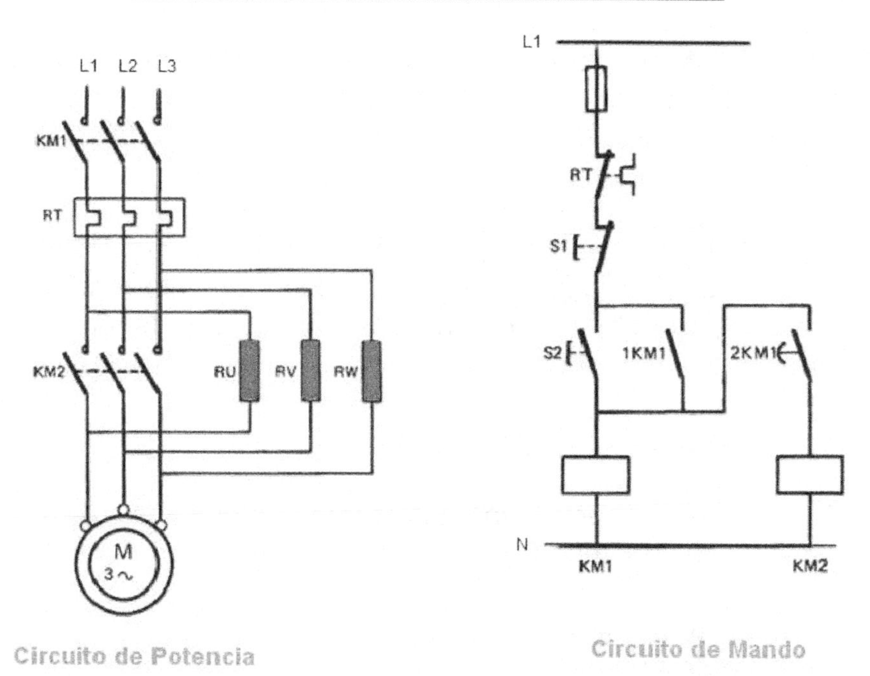

Circuito de Potencia

Circuito de Mando

CON RESISTENCIAS VARIABLES

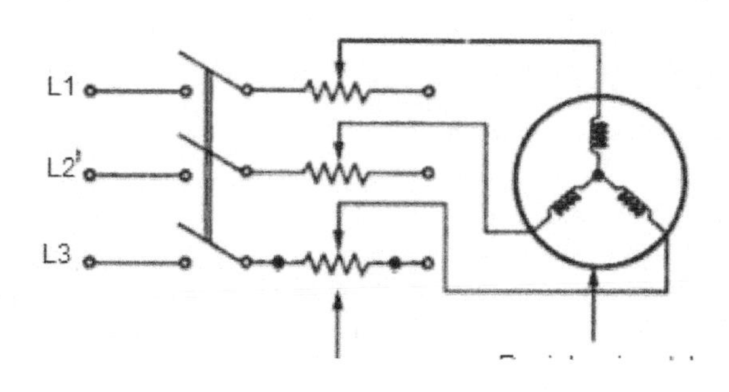

Incluso en lugar de resistencias podemos poner resistencias variables e ir cambiando su valor hasta reducirlas a 0 ohmios.

Este sistema tiene el inconveniente de que se consigue disminuir la corriente en función lineal de la caída de tensión producida en las resistencias.

Sin embargo, el par queda disminuido con el cuadrado de la caída de tensión, por lo que su aplicación se ve limitada a motores en los que el momento de arranque resistente sea bajo.

La ventaja que tiene es que la eliminación de la resistencia al finalizar el arranque se lleva a cabo sin interrumpir la alimentación del motor y, por tanto, sin fenómenos transitorios.

Arranque por Autotransformador

Consiste en conectar un autotransformador trifásico en la alimentación del motor.

De esta forma se consigue reducir la tensión y con ella la corriente de arranque.

El par de arranque queda reducido en este caso en la misma proporción que la corriente, es decir, al cuadrado de la tensión reducida.

Este sistema proporciona una buena característica de arranque, aunque posee **el inconveniente de su alto precio**.

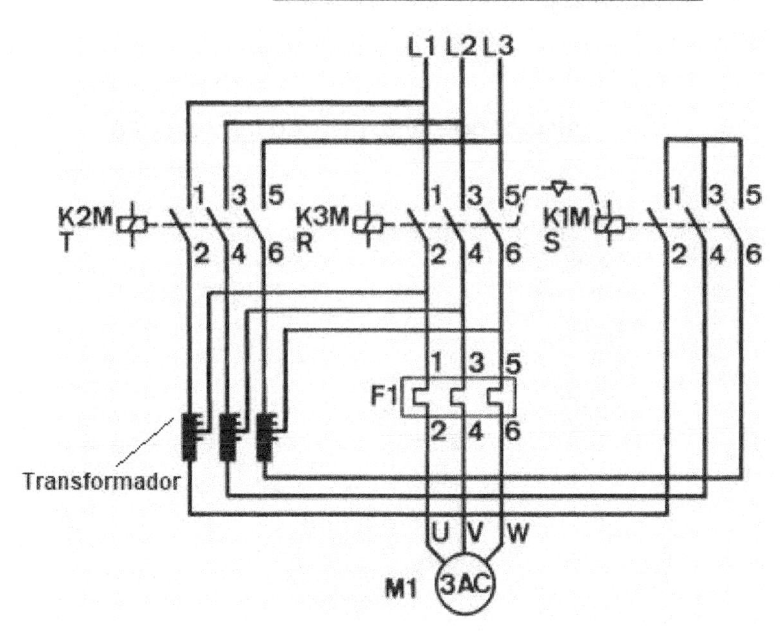

Arrancadores Electrónicos

El arrancador electrónico o suave se utiliza para el arranque de manera progresiva del motor asíncrono trifásico.

Hoy en día, gracias a las nuevas tecnologías, se han desarrollado equipos a base de semiconductores de potencia (tiristores) que son capaces de limitar y controlar en todo momento la intensidad de corriente y el par en el periodo de arranque.

Tres pares de SCR (Tiristores) en "conexión antiparalelo" son utilizados para arrancar el motor.

Se utiliza un algoritmo para controlar los disparos por medio de un microprocesador.

También hay arrancadores suaves con pantalla (display) y el acceso para programar los parámetros por botones digitales.

ARRANCADOR ELECTRÓNICO DE MOTORES

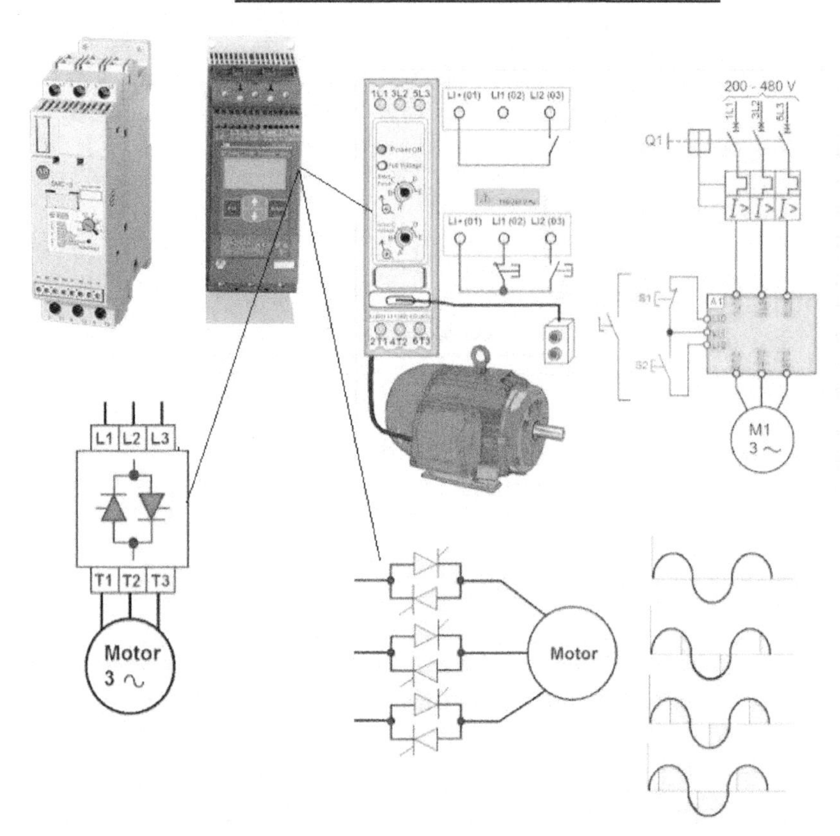

Con estos equipos, además de limitar la corriente de arranque según nuestras necesidades, se evitan los esfuerzos bruscos a los que se somete a los componentes mecánicos del motor, tales como correas, engranajes, acoplamientos mecánicos.

Estos arrancadores consiguen limitar la intensidad de corriente y hacer que el motor desarrolle el par motor adecuado a la carga mecánica a cualquier velocidad gracias a un convertidor de frecuencia que aplica al motor una tensión y frecuencia variables.

De tal forma que, si lo que se desea es mantener el par constante, se le aplica al motor una relación constante de tensión/frecuencia.

El arranque se realiza aplicando una tensión y frecuencia que aumenta progresivamente desde cero hasta sus valores nominales.

A este tipo de dispositivos se les conoce por el nombre de arrancadores suaves.

Con ellos es posible programar diferentes curvas de arranque y así poder atender a cargas de tipo variable.

En la página siguiente tienes un esquema resúmen de los diferentes tipos de arranques.

RESÚMEN DE LOS DIFERENTES TIPOS DE ARRANQUE DE LOS MOTORES TRIFÁSICOS

	Directo	Estrella/ triángulo	Resistencias estatóricas	Autotransformador	Resistencias/ Rotor bobinado	Estático electrónico
$\%I_a$	100%	33%	70%	40/65/80%	70%	Regulable
I_a/I_n	4 a 8 I_n	1,3 a 2,6 I_n	4,5 I_n	1,7 a 4 I_n	<2,5 I_n	Regulable
$\%M_a$	100%	33%	50%	40/65/80%	100%	Regulable
M_a/M_n	0,6 a 1,5 M_n	0,2 a 0,5 M_n	0,6 a 8,5 M_n	0,4 a 0,85 M_n	<2,5 M_n	Regulable
Ventajas	• Simple y económico • Par de arranque elevado	• Económico • Buena relación par/corriente	• Posibilidad de ajustar valores en el arranque • Arranque proresivo sin cortes de corriente	• Buena relación par/corriente • Posibilidad de ajustar valores en el arranque • Arranque progresivo sin cortes de corriente	• Excelente relación par/corriente • Posibilidad de ajustar valores en el arranque • Arranque progresivo sin cortes de corriente	• Progamable para cualquier ciclo de arranque
Inconvenientes	• Punta de corriente excesiva • Arranque brusco	• Par de arranque débil • Corte de corriente en el cambio Y/Δ que produce transitorios	• No se reduce suficientemente la punta de corriente • Resistencias muy voluminosas	• Coste elevado del autotransformador	• Motor de rotor bobinado más caro • Necesita resistencias	• Gran generación de perturbaciones y armónicos
Aplicaciones	• Máquinas de poca potencia	• Máquinas que arrancan en vacío o con poca carga • Compresores, ventiladores, bombas, etc.	• Máquinas de elevada inercia, sin problemas especiales de par ni de corriente de arranque	• Máquinas de elevada potencia o inercia y en los casos en los que la reducción de la punta de corriente sea un factor importante	• Máquinas de arranque en carga y que precisen de un arranque progresivo	• Máquinas de arranque en carga y que precisen de un arranque progresivo

Inversión de Giro de un Motor Trifásico

Para conseguir invertir el sentido de giro del motor es necesario **invertir** también **el sentido del campo giratorio**.

Esto se consigue **invirtiendo la conexión de dos de las fases del motor**.

Esta maniobra se realiza normalmente utilizando automatismos a base de contactores.

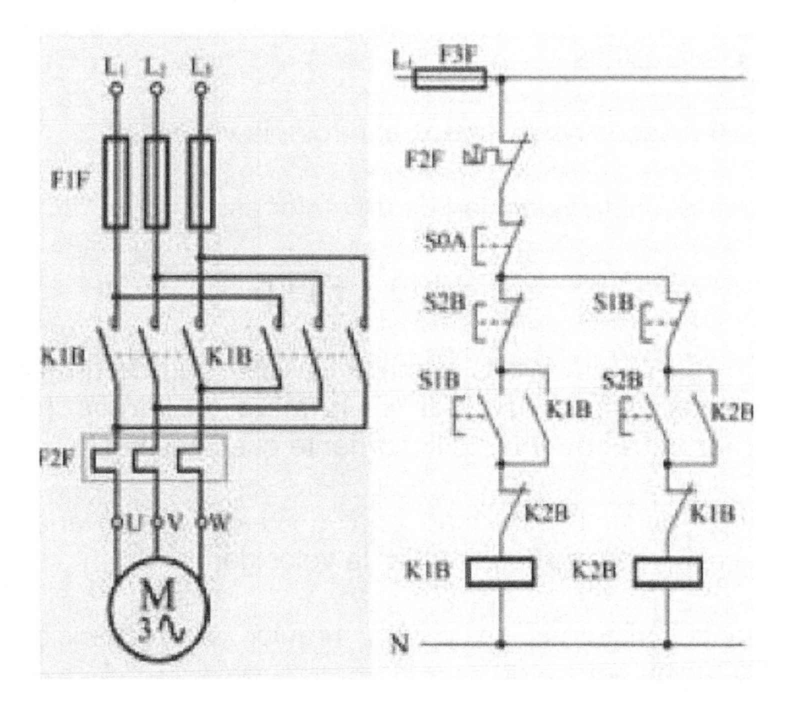

Regulación de la Velocidad de los Motores Trifásicos

Un motor de inducción trifásico es básicamente un motor de velocidad constante por lo que es algo difícil controlar su velocidad.

El control de velocidad del motor de inducción se realiza a costa de una disminución de la eficiencia y un bajo factor de potencia eléctrica.

Aún así a veces necesitamos controlar la velocidad.

Recuerda que la velocidad de un motor es:

$$ns = (60 \times F) / p$$

Por lo que si queremos cambiar la velocidad de un motor tendremos que **o cambiar el número de polos (n) o cambiar la frecuencia** de la corriente que lo alimenta.

Si conseguimos modificar una de estas dos variables habremos conseguido controlar la velocidad.

Mediante tiristores, se puede regular la frecuencia de alimentación del motor.

Con ello se consigue modificar entre amplios límites la velocidad del motor.

Motor de 2 velocidades Conexión Dahlander

El motor de dos velocidades tiene las mismas características constructivas que el motor normal, su diferencia está únicamente en el bobinado, pues mientras en el motor normal cada bobinado corresponde a una fase, **en el motor Dahlander el bobinado de una fase está dividido en dos partes iguales** con una toma intermedia.

Según conectemos estas bobinas conseguiremos una velocidad más lenta o más rápida, pues en realidad lo que se consigue es variar el número de pares de polos del bobinado.

En el esquema siguiente se ha representado el circuito de fuerza de un motor trifásico de polos conmutables para dos velocidades en conexión Dahlander.

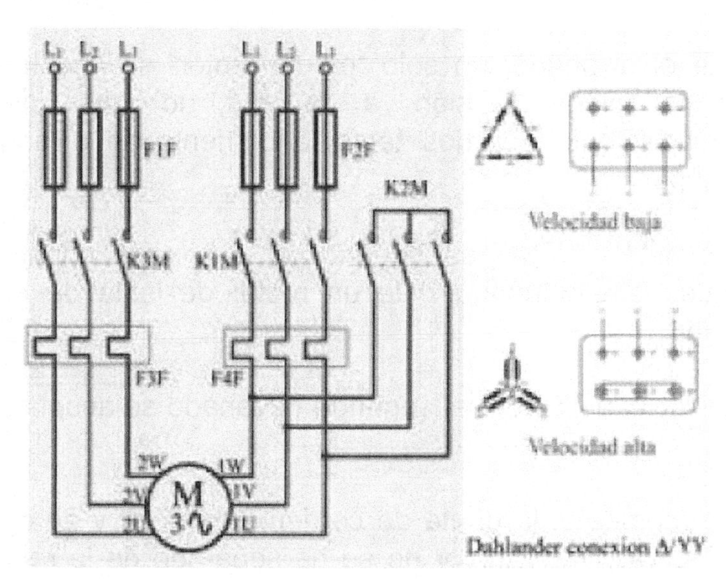

La velocidad inferior se obtiene cuando el contactor K1M está únicamente accionado.

La velocidad superior se consigue desconectando K1M y accionando en conjunto los contactores K2M y K3M.

Control de Velocidad con Devanados Separados o Independientes

También es posible conseguir dos velocidades de giro diferentes con dos devanados separados.

Cada uno de los devanados posee un número de polos acorde con la velocidad deseada. Dependiendo del devanado que se conecte conseguimos una velocidad u otra.

Es como si fueran dos medios motores.

Durante el arranque, un solo "medio motor" se acopla en directo a plena tensión a la red, lo que divide aproximadamente por dos tanto la corriente de arranque como el par.

No obstante, el par es superior al que proporciona el arranque estrella-triángulo de un motor de jaula de igual potencia.

Al finalizar el arranque, el segundo devanado se acopla a la red.

En ese momento, la punta de corriente es débil y de corta duración, ya que el motor no se ha separado de la red de alimentación y su deslizamiento ha pasado a ser débil.

Este sistema, poco utilizado en Europa, es muy frecuente en

el mercado norteamericano.

Caja de bornes:

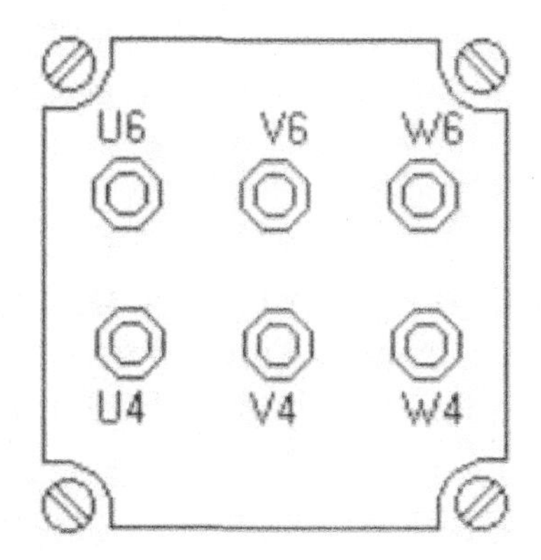

Disposición de los devanados:

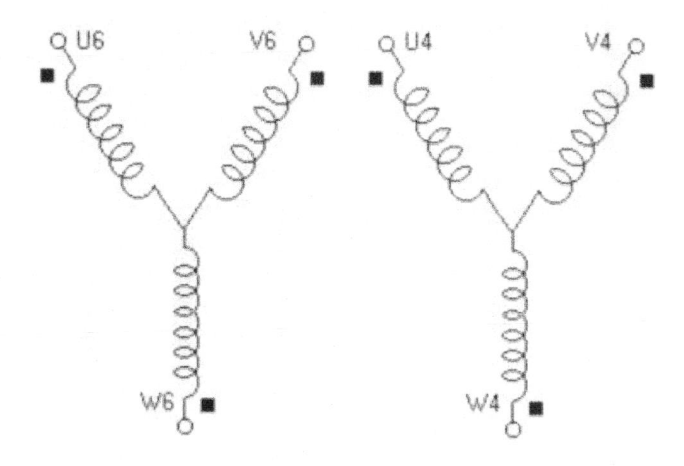

Como se observa en la figura se tiene 2 devanados independientes, uno con 6 polos y el otro independiente de 4 polos.

Por lo tanto tendremos que:

R.P.M. = $\frac{120 f}{P}$; donde f = frecuencia de la red y P = Número de polos

R.P.M. = $\frac{120 * 60}{4}$ = 1800 rpm R.P.M. = $\frac{120 * 60}{6}$ = 1200 rpm

Cuando se conecta el devanado de 4 polos tendremos la velocidad mayor de 1.800rpm, y cuando se conecta el de 6 polos tendremos la velocidad menor de 1.200rpm.

Puedes observar la conexión de la caja de bornes para obtener las 2 velocidades:

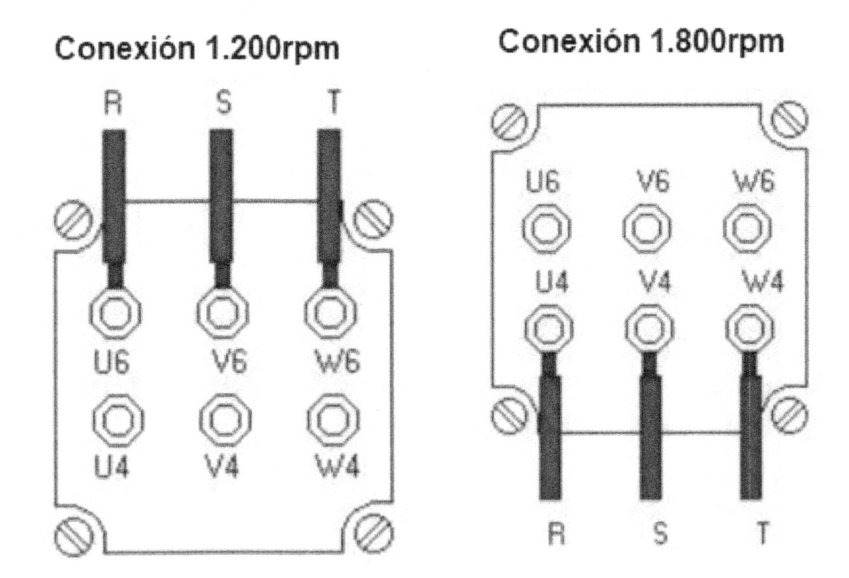

A continuación puedes ver los esquemas para el arranque de este tipo de motores:

MOTOR DEVANADOS SEPARADOS

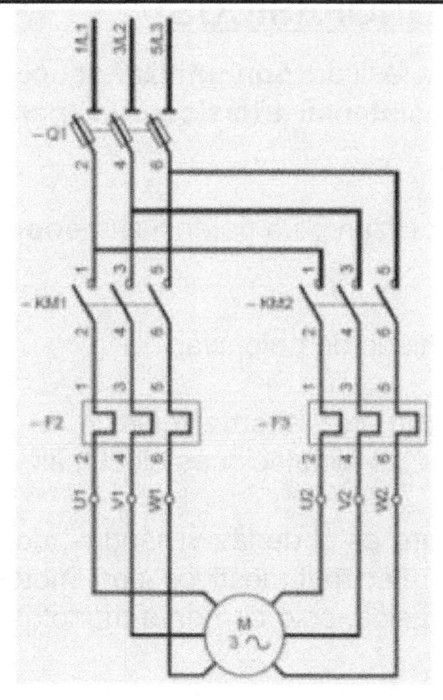

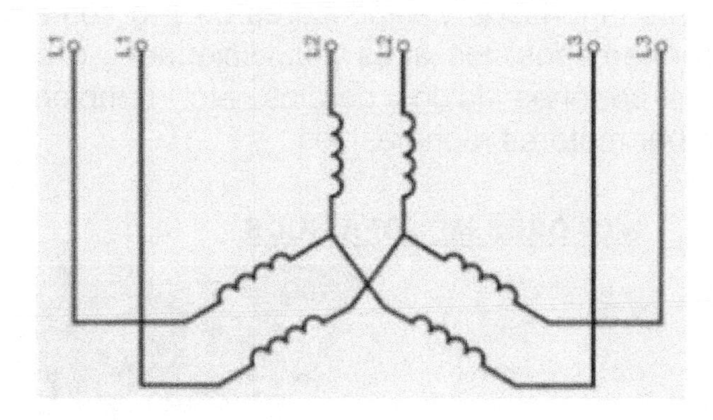

Cuando se acciona el contactor KM1 el motor marcha a velocidad más lenta. Al desconectar KM1 y conectar KM2, el motor funciona a la velocidad más alta.

MOTORES MONOFÁSICOS

Los motores monofásicos **son utilizados cuando no se dispone de un sistema trifásico y/o para pequeñas potencias**.

Generalmente se utilizan para potencias **menores de 2Kw o 3Kw**.

kW = Kilovatio = unidad de potencia.

El suministro de corriente alterna trifásica no siempre está disponible en todas las instalaciones eléctricas.

El ejemplo más claro es el de las viviendas, donde tenemos gran cantidad de electrodomésticos con motores pero no disponemos de trifásica, solo corriente monofásica (1 fase + neutro) a 230V.

Casi todos los frigoríficos y expositores de frío comerciales de los supermercados, los aires acondicionados o bombas de calor, los portones de los garajes, etc., también están accionados por motores monofásicos.

MOTORES MONOFASICOS

OJO, para pequeños electrodomésticos (batidoras, molinillos, máquinas de afeitar, etc.) la tendencia es utilizar el motor universal, del que hablaremos en otro capítulo, y que son motores de corriente alterna.

Podemos considerar **los motores monofásicos como los hermanos pequeños de los motores trifásicos**, puesto que comparten con ellos la sencillez del conexionado y el principio de funcionamiento.

Sin embargo no se pueden comparar en rendimiento energético ni en potencia.

Dentro de los motores monofásicos **tenemos 3 tipos principales**: **de fase partida, de fase partida con arranque por condensador y de espira en cortocircuito o de sombra**.

Primero veamos cual es el principio de funcionamiento de estos motores y luego cada uno de los tipos por separado.

Funcionamiento del Motor Monofásico

Los motores monofásicos, al igual que los trifásicos, están constituidos por un estator donde se alojan los devanados o bobinas inductoras, y un **rotor (inducido) en jaula de ardilla** con barras en cortocircuito.

La jaula de ardilla en el rotor son simplemente unas barras de aluminio que están en cortocircuito mediante unos anillos (unidas por anillos metálicos para ponerlas en cortocircuitos).

En la imagen siguiente puedes ver las barras en jaula de ardilla en el rotor del motor y el estator bobinado.

Estas barras son conductores eléctricos.

Vamos a imaginar que al conectar el estator a la corriente o tensión monofásica **se creará en él un campo magnético giratorio**, aunque ya sabemos que esto solo pasa en corrientes bifásicas y trifásicas, no en monofásica, pero imaginemos.

Durante su giro este campo magnético iría cortando las barras del estator (conductores), **creándose en ellas una fem** (fuerza electromotriz o tensión) según descubrió Faraday.

Nota: **Faraday** = un campo magnético que corta un conductor produce en el conductor una tensión o fuerza electromotriz en sus extremos.

fem = fuerza electromotriz = tensión

La fuerza electromotriz generada en ellas por el corte del campo magnético se transforma en una corriente inducida en las barras, corriente que estará en cortocircuito igual que las barras de la jaula de ardilla.

A su vez, según descubrió **Oersted**, esta corriente por los conductores (barras) crea un campo magnético a su alrededor cuya polaridad depende si la corriente inducida entra o sale por la chapa o barra (conductor).

Tenemos **el campo magnético giratorio** de corriente monofásica **en el estator y el campo magnético inducido en el rotor** de jaula de ardilla.

Resumiendo: Si al conectar el estator tenemos un campo giratorio en el bobinado del estator, este crea (induce) un campo magnético en el rotor.

Este **campo magnético del rotor girará siguiendo al campo magnético del estator.**

El rotor girará y ya tenemos funcionando nuestro motor.

Nota: los campos magnéticos crean pares de fuerzas que son las que hacen girar el rotor.

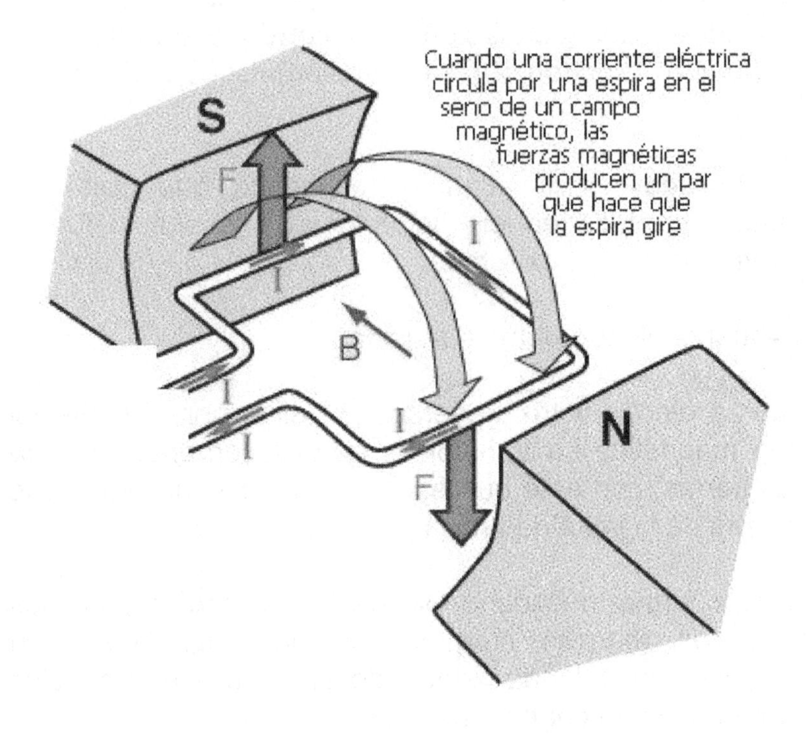

La velocidad del rotor no puede ser nunca igual a la del campo giratorio **del estator**, ya que entonces el campo del rotor no cortaría las barras del rotor y no se inducirá campo magnético en él, por eso **son motores asíncronos**, las dos velocidades **no están sincronizadas**.

Recordamos que Nikola Tesla descubrió que un sistema trifásico **o bifásico genera un campo giratorio**.

Nuestro problema es que un sistema monofásico de corriente alterna, como el que alimenta un motor monofásico, NO genera un campo giratorio, y como vimos, para que nuestro motor funcione, **necesitamos generar de alguna manera un campo giratorio en el estator**.

Fíjate en la curva Par-Velocidad de un motor monofásico:

CURVA PAR-VELOCIDAD MOTOR MONOFÁSICO

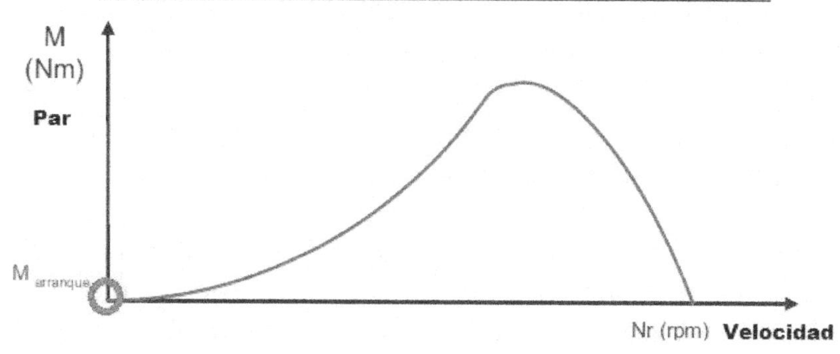

M = Par en Newtons x metro
Nr = Velocidad en revoluciones por minuto (rpm)

Marranque = Par en el arranque = 0

Resulta evidente que el motor monofásico no tiene par de arranque (círculo rojo del esquema) y por tanto no podría vencer cuando intentamos arrancarlo ni sus propios rozamientos.

Par de arranque = Fuerza de giro

Esto es lógico, porque un devanado recorrido por una corriente alterna monofásica, no produce el campo giratorio necesario.

Sin embargo, **si se utilizara una ayuda** como algún medio manual (con la mano), mecánico auxiliar, u otro, para ponerlo en marcha, el motor empezará a girar en el sentido en el que es impulsado.

Y además como se aprecia en la gráfica, aumentará su velocidad hasta acercarse a la de sincronismo quedando así en condiciones de desarrollar trabajo mecánico sin ninguna ayuda.

Nota: el último punto de la curva sería el funcionamiento en vacío del motor (sin carga).

En ese punto, no tiene par de arranque pero gira a una velocidad cercana a la de sincronismo.

Queda claro que necesitamos una ayuda para que arranque el motor, pero lógicamente no con la mano.

Necesitamos crear de alguna manera, aunque **solo** sea **en el momento del arranque**, un campo bifásico partiendo de uno monofásico, que cree un campo magnético giratorio, para que nuestro motor monofásico arranque.

Si te fijas en la curva, el motor monofásico solo tiene problemas en el arranque, una vez arrancado funciona correctamente por sí solo.

El tipo de ayuda que tenga el motor monofásico para su arranque **determinará el tipo de motor que es**.

Nota: De momento con lo visto de por qué no arranca es suficiente, pero luego profundizaremos más en esto.

Tipos de Motores Monofásicos

Dentro de los motores monofásicos **tenemos 3 tipos principales**: de fase partida, de fase partida con arranque por condensador y de espira en cortocircuito o de sombra.

Motor Monofásico de Fase Partida

¿Cómo producir un campo giratorio a partir de una red monofásica?

La respuesta es **obtener un campo bifásico a partir de 2**

devanados desfasados en el espacio y recorridos por corrientes, que también estén también desfasadas.

Recuerda Devanado = Bobinado = Bobina (espiras) de cobre.

Es como que tenemos 2 corrientes, la de un devanado y la del otro desfasadas (diferentes), es decir un campo bifásico que sí que crea un campo giratorio.

Recordar que las corrientes y tensiones en trifásicas están desfasadas 120° una de otra y en bifásica 90°.

Pero veamos cómo creamos nuestra corriente bifásica en el motor monofásico..

Estos dos devanados se conectan en paralelo entre sí, el voltaje de línea se aplica a ambos al arrancar el motor.

Los dos devanados difieren entre sí, física y eléctricamente.

Estos devanados **se conectan en paralelo y se llaman devanado auxiliar y principal**.

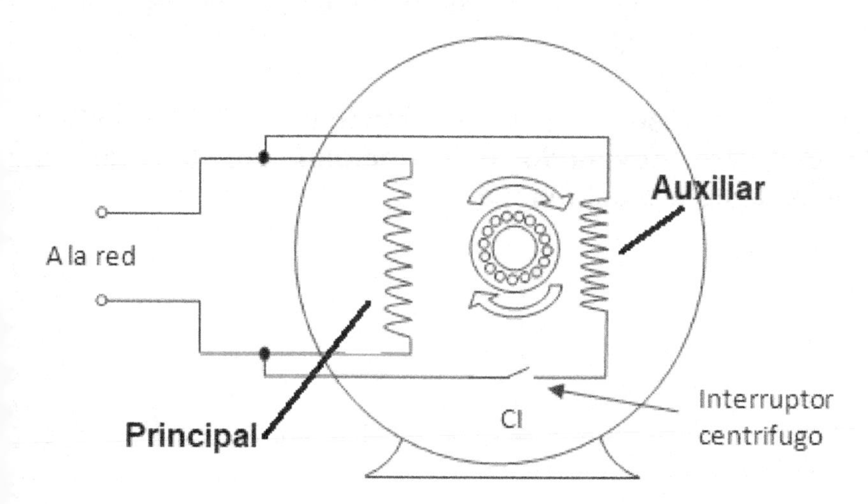

- **Devanado Auxiliar** o de arranque (START): desplazado físicamente 90º del principal y ocupa 1/3 de las ranuras.

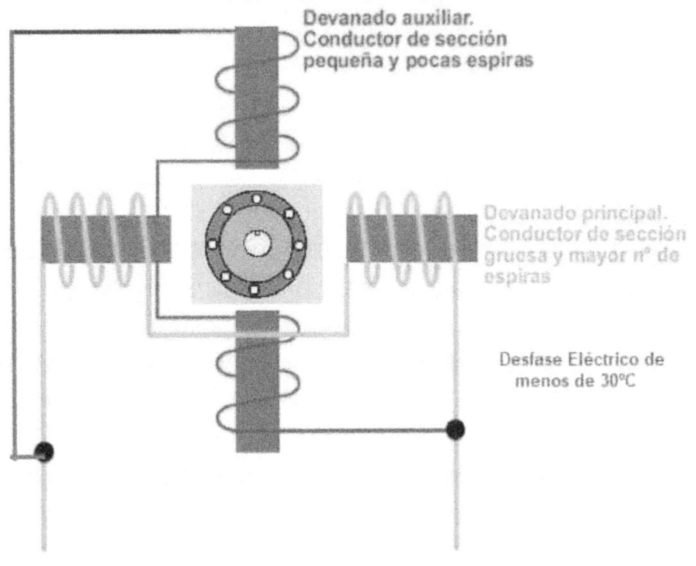

Además se construye con **conductor más fino** y suele tener diferente cantidad de vueltas (**menos espiras**) que el devanado principal..

De esta forma se le otorga **una impedancia (Z) diferente a la del otro devanado (el principal) por lo que su corriente estará desfasada**.

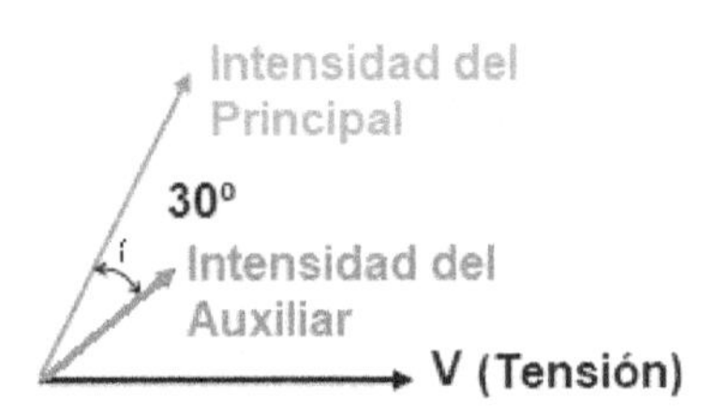

Recordar que la corriente que atraviesa una bobina tiene un ángulo de desfase con respecto a su tensión.

En una bobina pura el desfase es de 90º , pero al tener también una parte resistiva, tendrá otro ángulo menor.

La cantidad de vueltas y la inductancia de la bobina determinará el ángulo de desfase.

Bobinas con diferentes cantidades de vueltas y con conductores de diferentes grosores tendrán diferentes resistencias y diferentes desfases entre la tensión y sus intensidades.

El devanado de arranque tiene menos vueltas y consiste en alambre de cobre de menor diámetro que el devanado de marcha o principal.

Por lo tanto, el devanado de arranque **tiene alta resistencia y baja reactancia**.

Se denomina Z1 y Z2 a las conexiones de este devanado en la caja de bornes y está desfasado normalmente 90º físicamente.

El desfase eléctrico de esta forma no suele superar los 30º.

- **Devanado Principal** o de funcionamiento (RUN): ocupa 2/3 de las ranuras con más vueltas de alambre más grueso, **tiene baja resistencia y alta reactancia**; pero debido a **su impedancia total menor**, la corriente en el devanado principal es en general mayor que la correspondiente en el devanado auxiliar o de arranque .

Se denominan U1 y U2 las conexiones de este devanado en la caja de bornes.

Al sumar los campos principal y auxiliar se tiene un vector giratorio que describe una elipse.

No es un campo rotante de magnitud constante, pero suficiente para impulsar por sí sólo al rotor en el arranque.

Se recurre a **un interruptor centrífugo que desconecta el circuito o devanado auxiliar una vez que el rotor alcanza aproximadamente el 70% de la velocidad asignada**.

Este sistema se aplica en motores de potencias entre 50W y 500W.

El motor de fase partida no suele tener un ángulo de desfase eléctrico muy grande, no suele superar los 30º, por eso **el par de arranque no suele ser muy grande**.

Normalmente se utiliza el de **fase partida con condensador** para desfasar los dos devanados 90º uno respecto del otro.

La curva del motor solo de fase partida sería la misma que ves en la página siguiente, pero un poco más baja, porque estaría menos desfasada la de fase partida sola que con un condensador.

CURVA PAR MOTOR (M)-VELOCIDAD(Nr) MOTOR MONOFÁSICO FASE PARTIDA

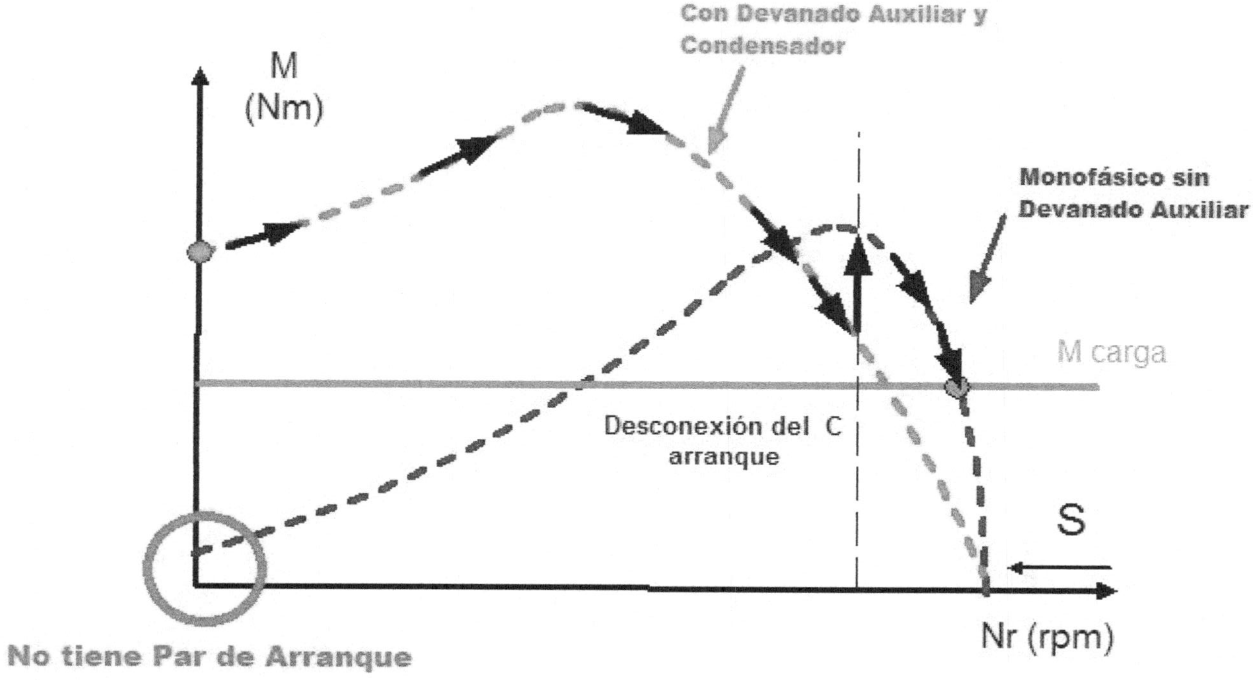

Con Devanado Auxiliar y Condensador

M (Nm)

Monofásico sin Devanado Auxiliar

M carga

Desconexión del C arranque

S

Nr (rpm)

No tiene Par de Arranque

Motor de Fase Partida con Arranque por Condensador

Los devanados se conectan en paralelo con un condensador que se llama **condensador de arranque**.

Ya sabes (o deberías) que la corriente al atravesar los condensadores queda desfasada 90º respecto a la tensión.

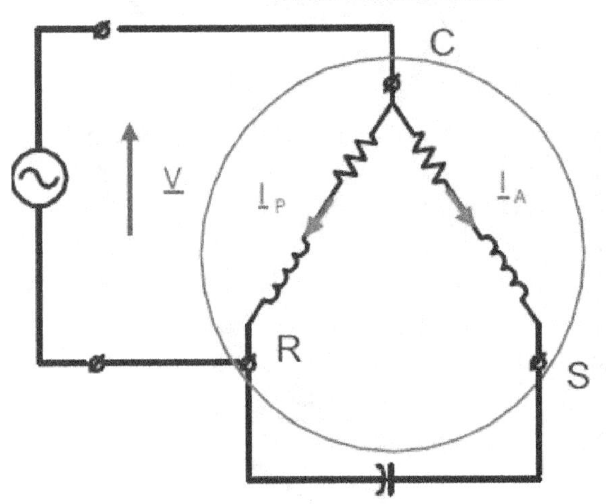

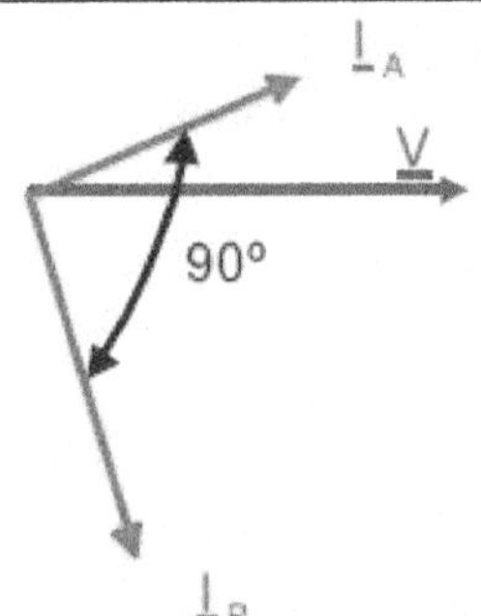

De esta forma la corriente eléctrica por cada devanado quedan desfasadas 90º una respecto a la otra (Ip respecto a IA) y lo que **obtenemos es un sistema bifásico con uno monofásico**, que además tiene un desfase de 90º, incluso mayor por el desfase físico de las bobinas que usaba el de solo fase partida.

Ahora el campo magnético creado por nuestro motor ya es un campo giratorio y en el arranque girará, aunque recuerda que solo nos hace falta en el arranque, luego desconectamos el devanado auxiliar y el condensador.

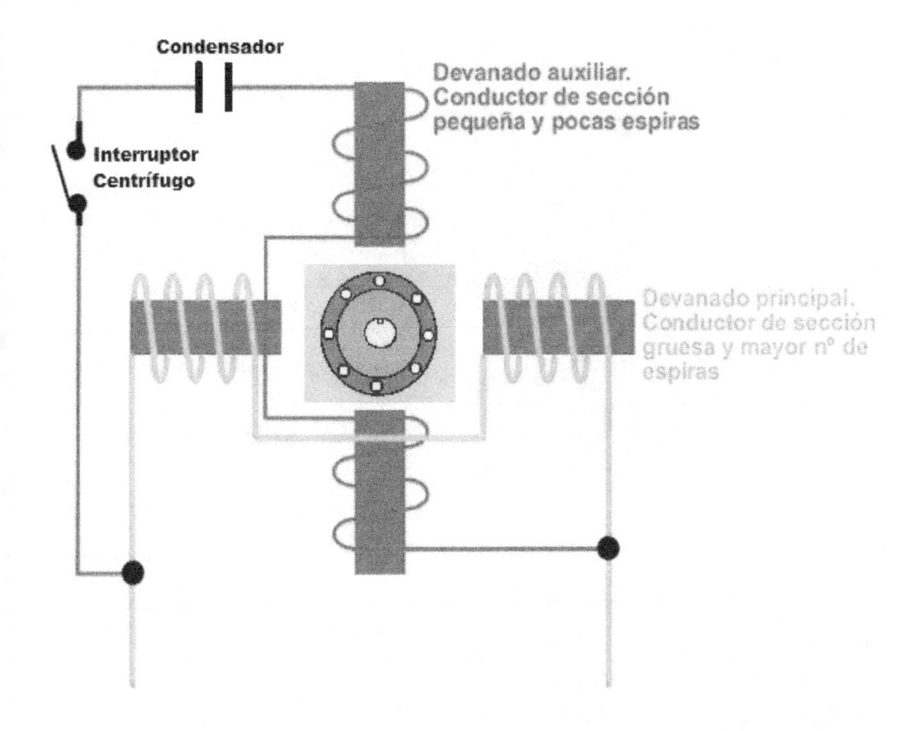

Nota: Los bornes se nombran con U1 y U2 los principales y con Z1 y Z2 los auxiliares. Antiguamente U-V y Z-W.

Si te fijas en el motor de la imagen de arriba tiene un interruptor centrífugo.

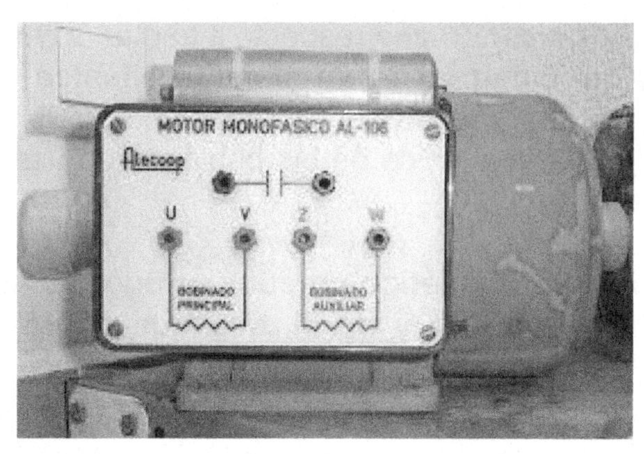

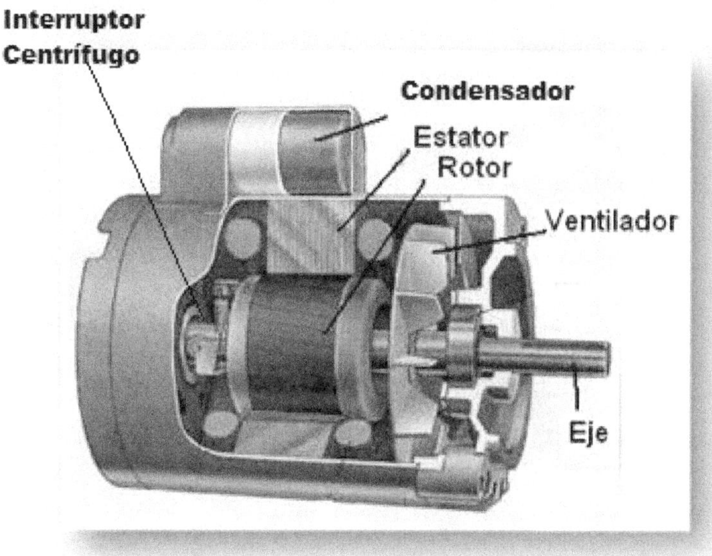

Este interruptor centrífugo desconecta el devanado auxiliar y el condensador una vez que el motor llega a una determinada velocidad (sobre el 80% de la nominal), ya que no son necesarios.

En aplicaciones más exigentes, el condensador de arranque deberá tener más capacidad para que el par de arranque sea el suficiente.

Esto se puede conseguir con **dos condensadores**:

- **Un condensador permanente** siempre conectado en serie con el devanado auxiliar.

- **Un condensador de arranque**, conectado en paralelo con el permanente en el momento del arranque, para aumentar la capacidad, y que luego será desconectado.

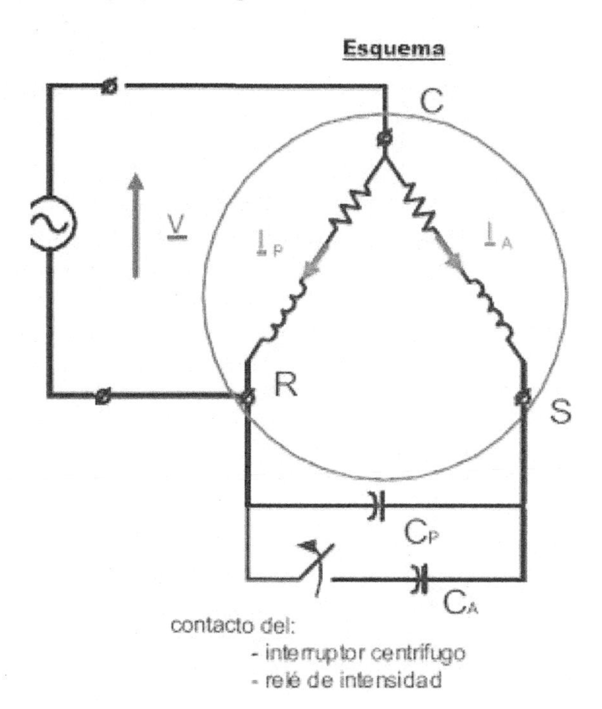

La secuencia de funcionamiento es la siguiente (ver diagrama en la página siguiente):

1. Se produce el arranque (punto 0) con ambos condensadores en paralelo (se suman las capacidades) obteniendo un alto par de arranque.

2. Cerca del punto de funcionamiento del motor, se elimina el condensador de arranque (punto 1).

3. El motor evoluciona hasta el punto 2 sólo con el condensador permanente.

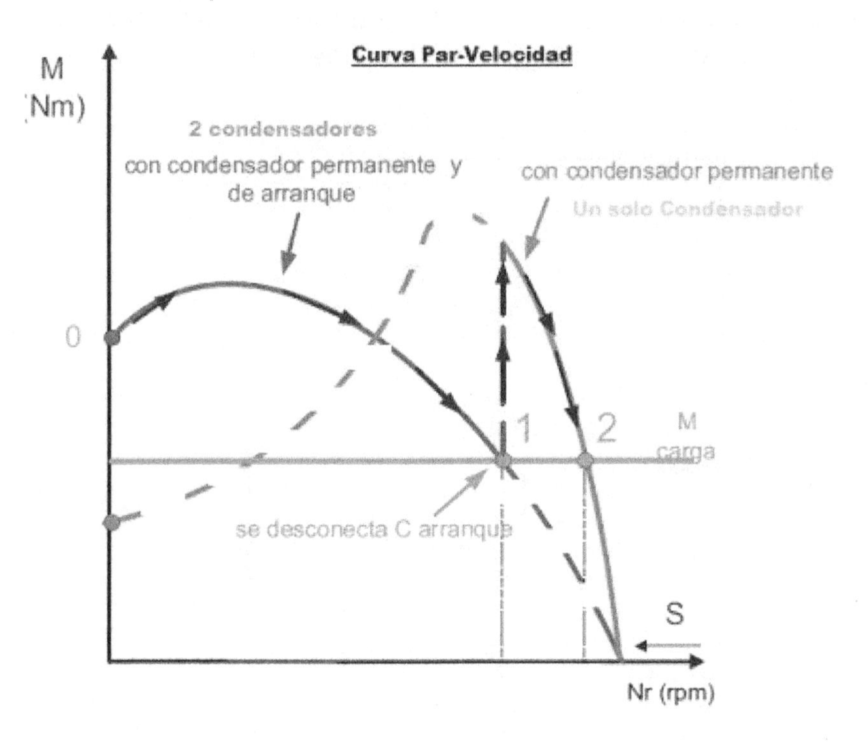

Ya vimos que **para la desconexión se puede utilizar** un interruptor centrífugo, pero en el esquema de los 2 condensadores utilizamos otro elemento diferente llamado **relé de Intensidad**.

En los relés de intensidad (típicos de compresores de frío), la bobina del relé se conecta en serie con el devanado principal.

Cuando la intensidad se aproxima a la nominal (un 80 %

aproximadamente), significa que el motor ya está lanzado y el contacto del relé se abre desconectando el condensador de arranque (CA).

Se pueden utilizar los dos sistemas, interruptor centrífugo o relé de intensidad, los dos son igual de válidos.

El devanado auxiliar puede estar +90º (adelantado) o -90º (retrasado) respeto al principal, depende de la conexión de este devanado.

Si está a +90º girará en un sentido y si está a -90º en el sentido contrario, por lo tanto, para cambiar el sentido de giro de un motor monofásico de fase partida bastará con cambiar las conexiones del devanado auxiliar.

Esto se puede realizar fácilmente en la caja de conexiones o bornes que viene de serie con el motor. U1 y U2 son el devanado principal, Z1 y Z2 el auxiliar.

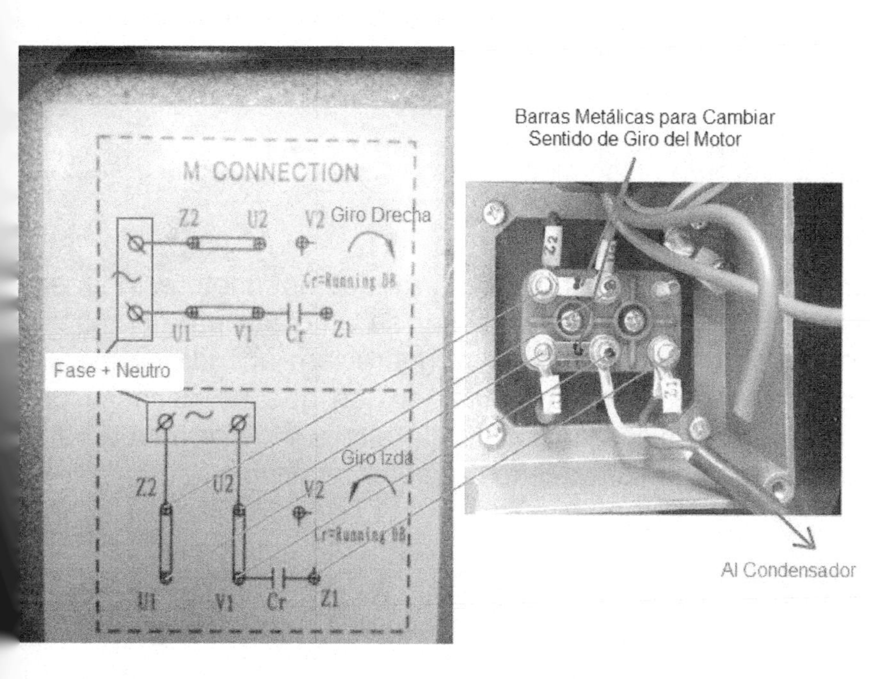

A veces hay otro borne que sería para la toma de tierra.

Incluso a veces hay 6 bornes en el que uno se deja sin conectar o es para conectar otro condensador.

CAMBIO DE SENTIDO DE GIRO EN MOTOR MONOFÁSICO

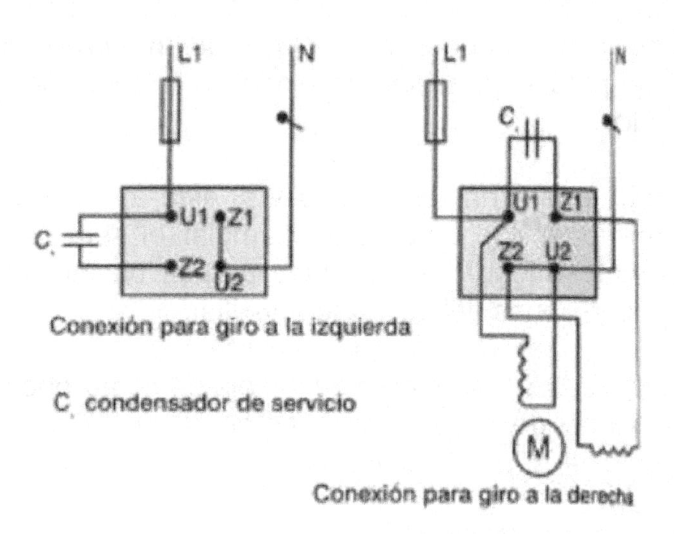

Luego veremos las velocidades y otras magnitudes de estos motores.

En virtud de su mayor par de arranque, los motores de fase partida y arranque por capacitor se emplean para bombas, compresores, unidades de refrigeración, acondicionadores de aire y lavadoras grandes, en los que se necesita un motor monofásico que desarrolla alto par de arranque bajo carga y cuando se requiere un motor reversible.

Motor Monofásico de Espira en Cortocircuito o Espira de Sombra

Son motores de muy pequeña potencia, normalmente inferiores a 300w por lo que su uso es muy limitado.

Se usa **donde los requisitos de potencia son pequeños**, como relojes, secadores de pelo, ventiladores pequeños, etc.

Este motor puede arrancarse directamente por sí solo, lo que se consigue por el efecto que producen las llamadas **espiras en cortocircuito o de arranque o incluso espira de sombra,** que son simples aros de cobre en cortocircuito.

El sistema consiste en **dividir los polos del estator en dos partes desiguales** y en una de esas partes colocar una espira en cortocircuito, también llamada espira de sombra.

Estos motores son todos de polos salientes en el estator y con el rotor en jaula de ardilla.

Motor Monofásico de Espira en Cortocircuito o Espira de Sombra

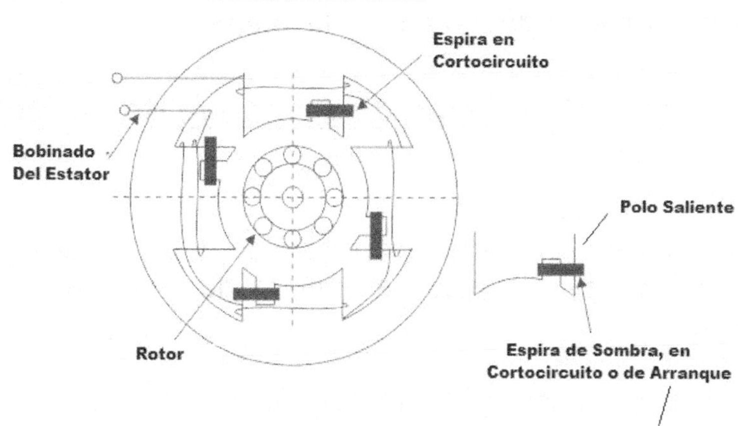

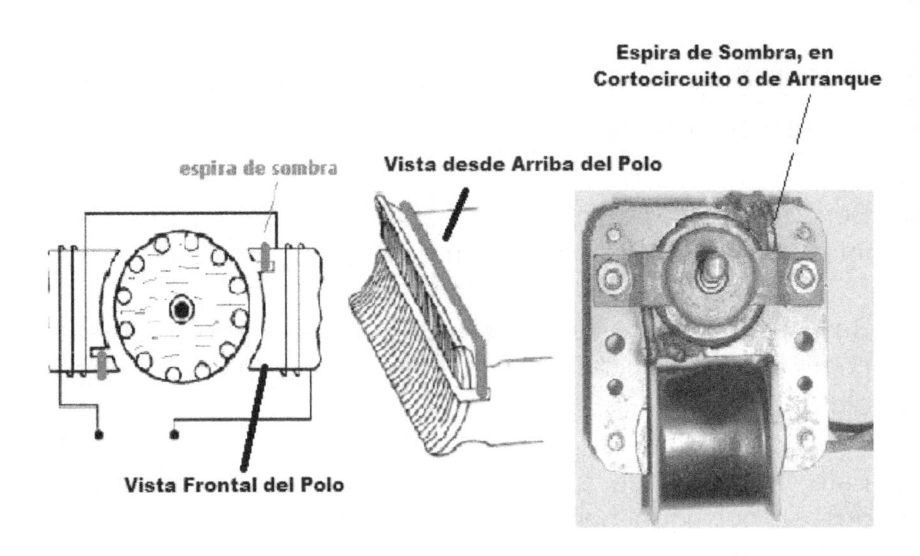

La interacción entre el campo magnético pulsante principal y los campos creados por la corrientes inducidas en las espiras de sombra, produce un débil y deformado campo giratorio, capaz de producir un pequeño par de arranque en el motor, arrancando por sí solo.

La diferencia entre el campo principal y el inducido en la espira en cortocircuito no llega al 90º, pero **es suficiente para crear ese pequeño par de arranque**.

Circuitos y Esquemas de Arranque de un Motor Monofásico

Para alimentar un motor monofásico se deben de tener en cuenta que hay que poner elementos de protección en el circuito

Por ejemplo, un interruptor magnetotérmico omnipolar y por

ejemplo un relé térmico de sobrecarga que evita el calentamiento excesivo del motor.

Los circuitos de motores se hacen con contactores para el arranque y el control del motor.

El relé térmico suele ir incrustado en el contactor.

Los circuitos de motores se dividen en dos, el de fuerza o potencia y el de mando y señalización.

Este último también se puede llamar de control.

En el circuito de control se manejan regularmente bajos niveles de corrientes y voltajes (señales) en el de fuerza o potencia a la inversa, se manejan altos niveles de corrientes y voltajes.

Los circuitos de control y de señalización, se utilizan los símbolos correspondientes a los mandos de control de contactores, relés y otros aparatos controlados eléctricamente.

Se representa la lógica del funcionamiento de la instalación o automatismo.

El Circuito de Fuerza es donde se hacen las conexiones para lograr encender el motor eléctrico.

Veamos el esquema básico de arranque de un motor monofásico.

Fíjate que el contacto auxiliar 13-14 del contactor en el esquema de mando lo que hace es el llamado "enclavamiento" del contactor, es decir, una vez se pulsa el pulsador de marcha el contactor sigue con corriente (enclavado) aunque soltemos el pulsador de marcha (se abra) ya que ahora la corriente le llega a través de su propio contacto auxiliar, el 13-14.

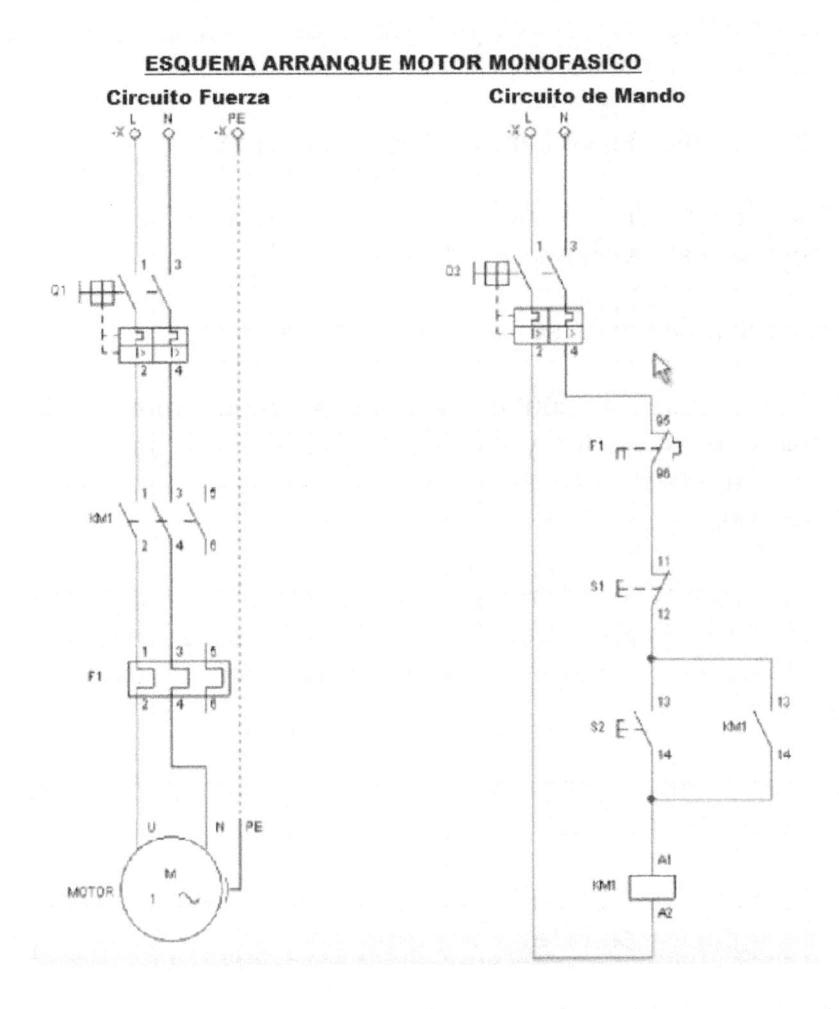

Muchas veces los elementos que utilizamos para un circuito de un motor monofásico son elementos preparados para las conexiones de motores trifásicos.

En este caso, fíjate en el siguiente esquema lo que se suele hacer:

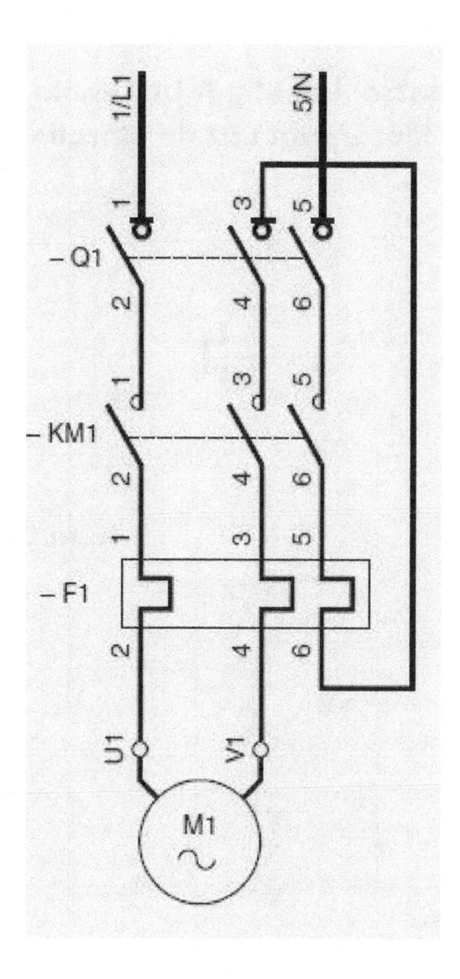

Al final es lo mismo ya que es la misma fase la que corta los contactos 3-4 y 5-6.

Imagina que el motor anterior queremos tener la posibilidad de arrancarlo desde modo local y desde una cierta distancia de donde está situado "a distancia".

Además queremos tener una luz que nos avise cuando el motor está encendido.

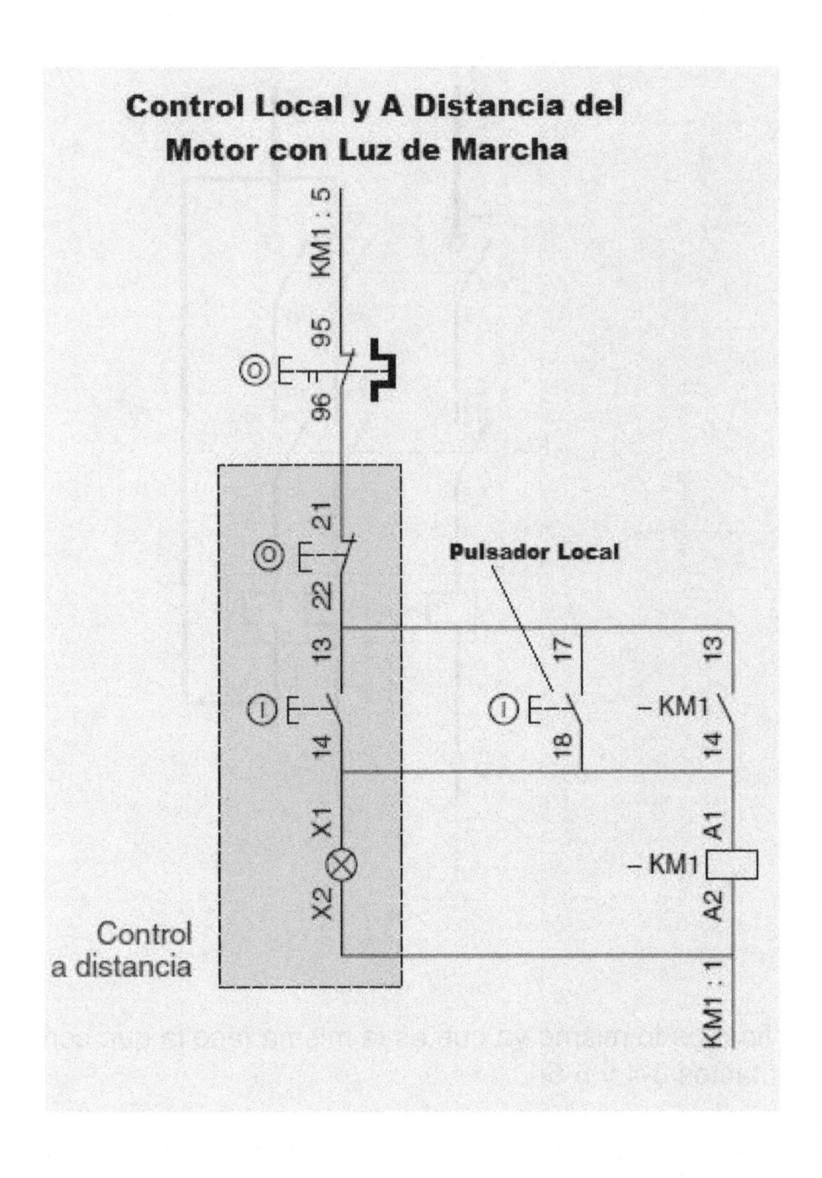

Ahora veamos el esquema para la inversión de giro de un motor monofásico. Utilizamos 3 contactores, K1 para el bobinado principal, K2 y K3 para el bobinado auxiliar.

Recuerda **para cambiar el sentido de giro de un motor monofásico solo tenemos que cambiar (invertir) las conexiones del devanado auxiliar**, como vimos al principio

Esquema de Fuerza y Mando para el Cambio de Sentido de Giro de un Motor Monofásico

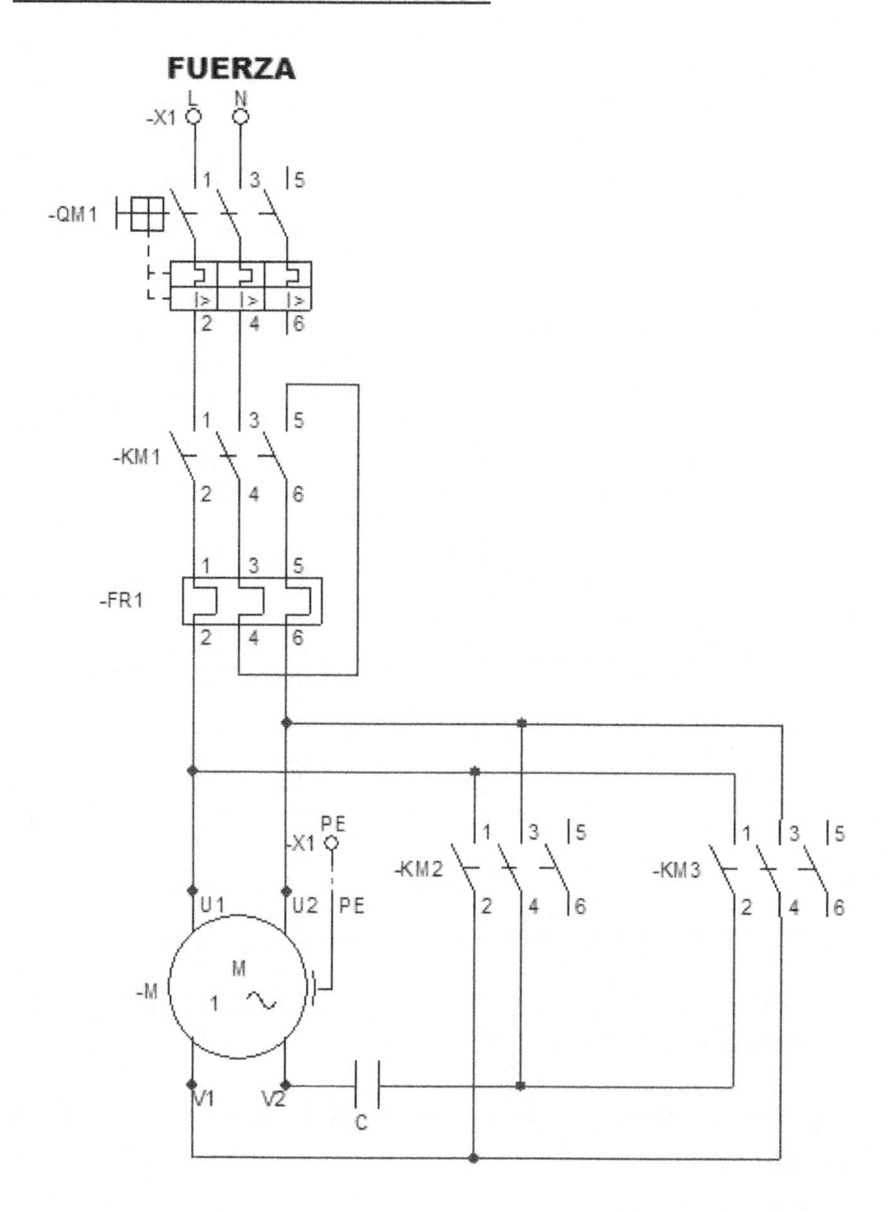

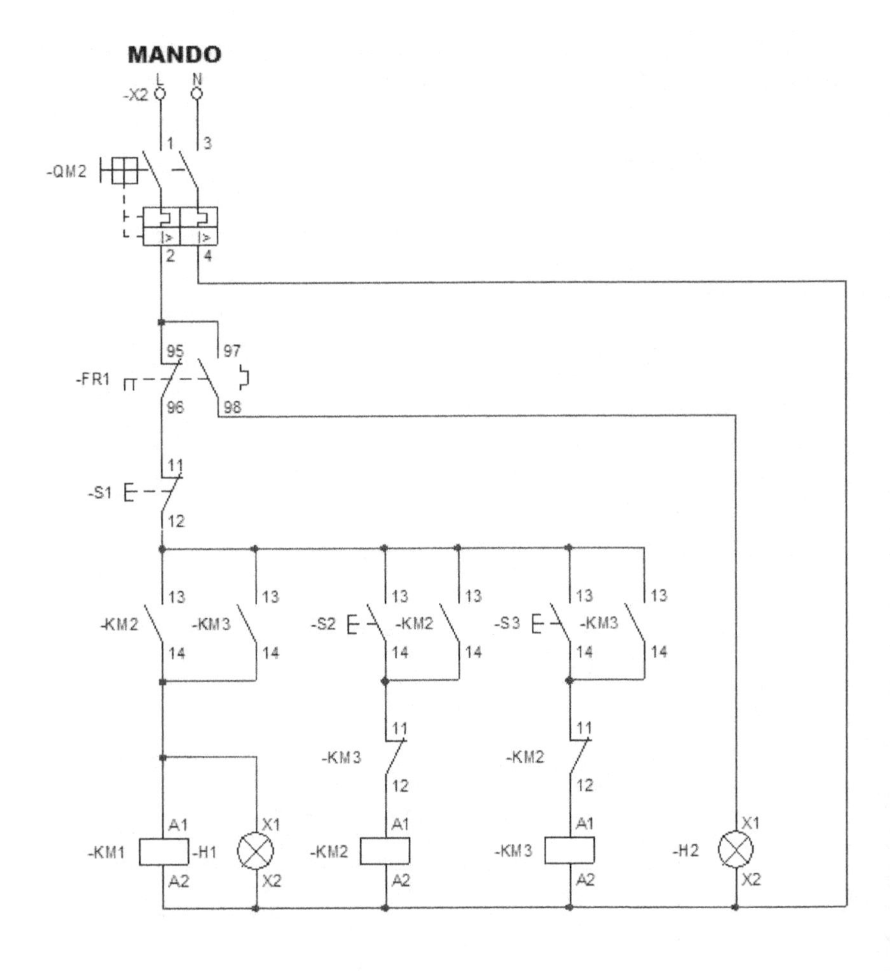

Para motores **no muy grandes** se podría hacer la inversión de giro con un simple conmutador.

¿Cómo identificar el bobinado principal del auxiliar si no lo sabemos?

Muy fácil, si tienen continuidad dos bornes o cables son un bobinado.

De los dos que tendremos, el que tenga más resistencia será el principal y el que tenga menos el auxiliar.

Velocidad de los Motores Monofásicos

La velocidad en los motores de inducción monofásicos o trifásicos, depende del número de polos y la frecuencia de la corriente alterna.

A mayor frecuencia de la corriente alterna será mayor la velocidad y a mayor número polos menor será la velocidad.

Siendo así que el motor de mayor velocidad será el de 2 polos.

En Europa la frecuencia de la corriente monofásica de suministro es de 50 Hz (hertzios) y en América suele ser de 60Hz. La fórmula es la:

VELOCIDAD SINCRONA DE LOS MOTORES DE CORRIENTE ALTERNA

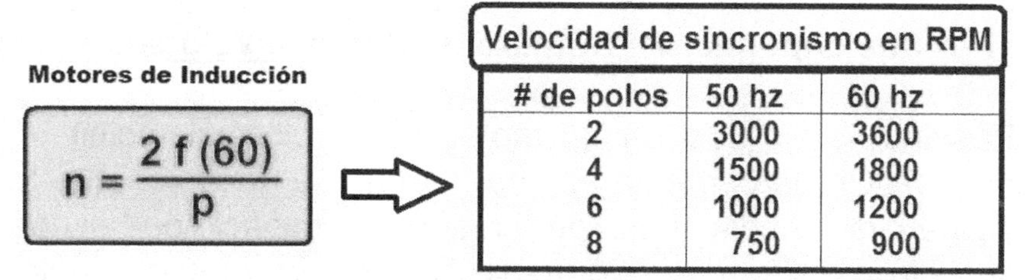

Velocidad de sincronismo en RPM

# de polos	50 hz	60 hz
2	3000	3600
4	1500	1800
6	1000	1200
8	750	900

n = Velocidad en revoluciones por minuto (rpm)
f = Frecuecia de la red de suministro (Europa = 50 hertzios)
p = Número de Polos América = 60Hz

La Velocidad real del Rotor Asíncrono es entre un 3% menor

Las velocidades normales de éstos motores a 50Hz oscila entre **1.500rpm y 3000 r.p.m.**, dependiendo **si el motor es de 2 ó 4 polos**, teniendo unas tensiones normalmente de

230 V entre fase y neutro.

Esta velocidad es la de sincronismo (la del campo giratorio del estator), por eso la velocidad real del rotor es un poco más pequeña, recuerda que **son motores asíncronos** y hay un resbalamiento debido a la carga que se pierde, más o menos del 3%.

Como el número de polos del motor no se puede cambiar, **si queremos regular la velocidad de un motor monofásico debemos cambiar** de alguna forma **la frecuencia** del sistema monofásico que le alimenta **o bien cambiar el deslizamiento**, son las únicas dos formas.

Existen en el mercado variadores de frecuencia especiales para motores monofásicos.

Otra solución es colocar poleas entre el rotor y otros ejes para aumentar o disminuir la velocidad, pero las potencias finales variarán mucho con respecto a lo del motor.

¿Por qué depende del Número de Polos la Velocidad?

El principio es que en un motor de 2 polos, al recibir un medio ciclo de corriente alterna, forma una atracción que lo obliga a dar media vuelta para recorrer el espacio que ocupa un polo y al llegar el otro medio ciclo recorrerá el otro polo, completando una vuelta por cada ciclo.

Si la corriente alterna es de 50 ciclos por segundo, el motor da 50 vueltas por segundo (3000 revoluciones por minuto), en un motor de 4 polos con un ciclo, dará sólo media vuelta, porque los polos ocupan la cuarta parte del estator, que necesitará 4 medios ciclos para dar una vuelta.

La relación que existe, lo da la fórmula anterior.

Tipos de Corriente en los Motores Monofásicos

Los motores eléctricos pueden tener distintos tipos de corriente o intensidades, que fundamentalmente son: corriente nominal, corriente de vacío, corriente de arranque y corriente a rotor bloqueado.

- **Corriente nominal:** En un motor, el valor de la corriente nominal es la cantidad de corriente que consumirá el motor en condiciones normales de operación.

- **Corriente de vacío**: Es la corriente que consumirá el motor cuando no se encuentre operando con carga y es aproximadamente del 20% al 30% de su corriente nominal.

- **Corriente de arranque**: Todos los motores eléctricos para operar consumen un excedente de corriente, mayor que su corriente nominal, que es aproximadamente de dos a ocho veces superior.

- **Corriente a rotor bloqueado**: Es la corriente máxima que soportará el motor cuando su rotor esté totalmente detenido.

Rendimiento de un Motor Monofásico

Entendemos como rendimiento de un motor el cociente entre su potencia útil o desarrollada en el eje (este dato lo proporciona el fabricante mediante la placa de características del motor) y la potencia total o absorbida de la red.

El resultado nos lo da en tanto por uno, que si multiplicamos por 100 nos dará el resultado en tanto por ciento.

Capacidad Condensador de Arranque Motor Monofásico

$$c = \frac{3{,}18 * P * 10^6}{U^2 * cos\emptyset}$$

Rendimiento del Motor

$$\eta = \frac{Pu}{Pt} * 100$$

Intensidad Absorbida por el Motor Monofásico

$$I = \frac{P}{U \times \eta \times \cos\varphi}$$

1CV = 736 w = 0,736Kw
1HP = 745,7 w que se suele utilizar 746 w = 0,746Kw

Por tanto **un CV NO ES IGUAL a un HP**

Potencias en los Motores Monofásicos

La tensión y la intensidad en corriente alterna pueden tener un desfase.

Este desfase viene dado por la impedancia del circuito (inductiva, reactiva o capacitiva).

Por lo tanto la potencia absorbida por un motor en corriente alterna viene dada por la expresión:

Pactiva = V x I cos ρ

Potencia real en motores monofásicos

$$P = V_L \cdot I_L \cdot \cos\varphi$$

Potencia eléctrica (P) versus potencia mecánica (P_{eje})

$$P = \frac{P_{eje}}{\eta}$$

Donde: V_L = Voltaje de línea
I_L = Corriente de línea
η = Rendimiento o eficiencia del motor

Un ejemplo: Calcular la potencia de un motor monofásico que tiene un consumo de corriente de 5A y el factor de potencia es de 0,73

P = Vl x Il x cose fi = 220 x 5 x 0,73 = 803w

Si la eficiencia o rendimiento del motor es del 93% ¿Cúal es la potencia en el eje?

$$P = \frac{P_{eje}}{\eta} \quad \rightarrow \quad P_{eje} = P \cdot \eta$$

$$P_{eje} = 803 \cdot 0{,}93 = 746\,W = 1\,HP$$

Hagamos otro ejercicio:

Un motor monofásico de corriente alterna tiene una potencia de 5CV, V = 220V, rendimiento del 75% y un coseno de fi de 0,8.

Determinar:

a) La intensidad que absorbe el motor
b) Las pérdidas que tiene el motor
c) Si gira a 1.500rpm halla el par en ese instante.

Solución:

a) $\mu = \frac{P_u}{P_{ab}}$; $P_{ab} = \frac{P_u}{\mu}$; $P_{ab} = \frac{5 \times 736}{0'75}$; $P_{ab} = \frac{3680}{0'75}$;

$$P_{ab} = 4906'6W$$

$$P_{ab} = U \cdot I \cdot cos\varphi$$

$$I = \frac{P_{ab}}{U \cdot cos\varphi}$$

$$I = \frac{4906'6}{220 \cdot 0'8}$$

$$\boldsymbol{I = 27'87A}$$

b) $P_p = P_{ab} - P_u$; $\boldsymbol{P_p} = 4906'6 - 3680 = \mathbf{1226'6W}$

c) $P_u = \omega \cdot M_u = \frac{2\pi}{60} \cdot n \cdot M_u$;

$$M_u = \frac{P_u \cdot 60}{2\pi \cdot \mathrm{n}}$$

$$\boldsymbol{M_u} = \frac{3680 \cdot 60}{2\pi \cdot 1500} = \mathbf{23'42\ N \cdot m}$$

Si el ejemplo del motor anterior tiene un factor de potencia igual a la unidad, suponiendo que absorbe la misma intensidad al conectarlo a una red de la misma tensión, y manteniendo el mismo rendimiento; determina la potencia que nos suministra en el eje.

<u>Solución:</u>

$$P_{ab} = U \cdot I \cdot cos\varphi$$

$cos\varphi = 1$

$$P_{ab} = 220 \cdot 27'87 \cdot 1 = 6131'4W$$

U = 220V

I_{ab} = 27'87A

$$\mu = \frac{P_u}{P_{ab}}; \qquad P_u = P_{ab} \cdot \mu$$

µ = 75%

$$P_u = 6131'4 \cdot 0'75 = \mathbf{4598'5W}$$

¿Por Qué No arrancan Por si Solos los Motores Monofásicos?

Si en el estator situamos un bobinado monofásico y lo sometemos a una tensión alterna sinusoidal (monofásica), el campo magnético que se obtiene es un campo alternativo y fijo.

Es decir, cambia de polaridad con la frecuencia de forma alternativa, aumentando y disminuyendo en cada polaridad de forma parecida a la intensidad de la corriente en alterna (onda senoidal).

Todo esto lo hace siempre sobre el mismo eje, por lo que no es un campo magnético giratorio.

Ver imagen de la página siguiente.

Este campo del estator, conectado a fase y neutro (monofásica), aunque no sea giratorio, sí que cortan sus línea de campo las barras del rotor y se produce una fuerza electromotriz en ellas, que al estar en cortocircuito aparecen una corrientes de cortocircuito por las barras del rotor y por lo tanto se genera alrededor de las barras un campo magnético con un par de fuerzas en el rotor.

El problema es que el par de fuerzas que se crea es un par de fuerzas una vez en un sentido y otro vez en el sentido contrario (cuando cambia de polaridad la corriente en el estator), impidiendo así el giro del rotor.

No tiene par de arranque ya que ambos pares se anulan.

En estas condiciones, si empujamos el rotor manualmente en uno de los dos sentidos, conseguimos desplazar el eje del campo magnético del rotor y el motor comenzará a girar por sí solo hasta alcanzar su velocidad nominal.

El motor permanecerá girando en el mismo sentido en el que se impulsó inicialmente hasta que se desconecte de la corriente.

Puesto que no hay campo magnético rotacional en el estator, un motor monofásico de inducción no tiene par de arranque.

Sin embargo, si se utilizara algún medio manual, mecánico auxiliar, u otro, para ponerlo en marcha, el motor empezará a girar en el sentido en el que es impulsado y aumentará su velocidad hasta acercarse a la de sincronismo quedando así en condiciones de desarrollar trabajo mecánico por sí solo, o lo que es lo mismo, puede girar sin la necesidad de la ayuda inicial.

ARRANQUE EN LOS MOTORES MONOFASICO

Corriente Monofásica Del Estator

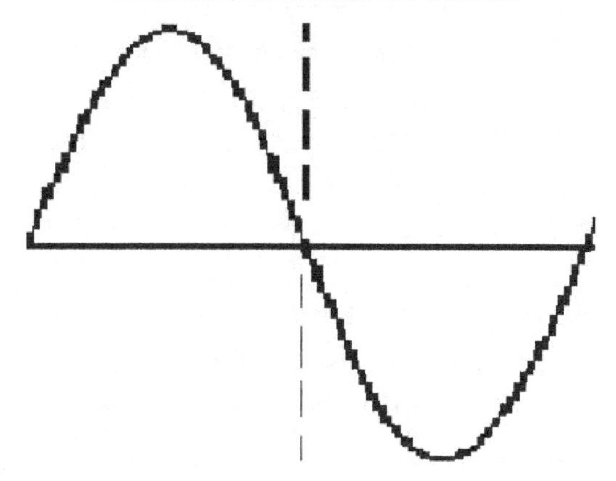

Campo Magnético Monofásico

Siempre sobre el Mismo Eje (fijo) Variando de Valor

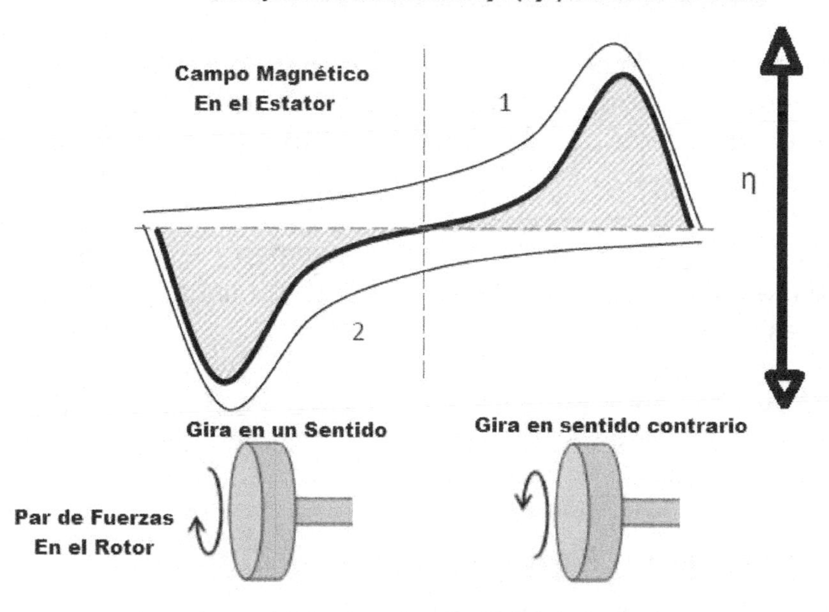

Resultado = El Rotor NO Gira

No hay Par de Arranque

MOTORES DE CORRIENTE CONTÍNUA

Los motores de corriente continua (cc) pueden variar en tamaño y potencia, desde pequeños motores en juguetes y electrodomésticos, hasta grandes mecanismos que impulsan vehículos, trenes, ascensores y accionan trenes de laminación de acero.

Son motores cada vez más usados en la industria debido a que son muy fáciles de regular su velocidad y que **simplemente con cambiar su polaridad cambia su sentido de giro**.

Además de estas 2 ventajas también son muy fáciles de controlar su posición, incluyendo la puesta en marcha y el paro total (frenado).

El término "motor de CC" se utiliza para hacer referencia a cualquier **máquina eléctrica rotativa que convierte la energía eléctrica de corriente continua en energía mecánica**.

La energía eléctrica que consumen o fuente de alimentación, obviamente es corriente continua, por ejemplo pilas y/o las baterías.

Ya vimos anteriormente su principio de funcionamiento, ahora veamos cómo funcionan, características, tipos, fórmulas, etc

Partes de un Motor de Corriente Continua

Según lo explicado tenemos **dos partes principales** en nuestro motor:

- **Estator**: Parte fija, que no se mueve. Normalmente está formado por unos imanes con bobinas enrolladas sobre ellos.

- **Rotor**: Parte móvil que gira dentro del estator. Suele ser un eje con chapas magnéticas o bobinas.

Además tenemos:

- **Entrehierro**: Espacio de aire que separa el estator del rotor y que permite que pueda existir movimiento. Debe ser lo más reducido posible.

- **Escobillas** para poder meter la corriente eléctrica en el rotor del motor.

- **Delgas** para que siempre entre y salga en la misma dirección la corriente por las espiras.

Los motores cc más grandes, tienen los imanes del estator bobinados para crear un electroimán y crear campos magnéticos mayores.

Hay un tipo de motor de cc que no lleva bobinas en el estator, son los llamados "**motores de imanes permanentes**", motores usados en juguetes y pequeños aparatos.

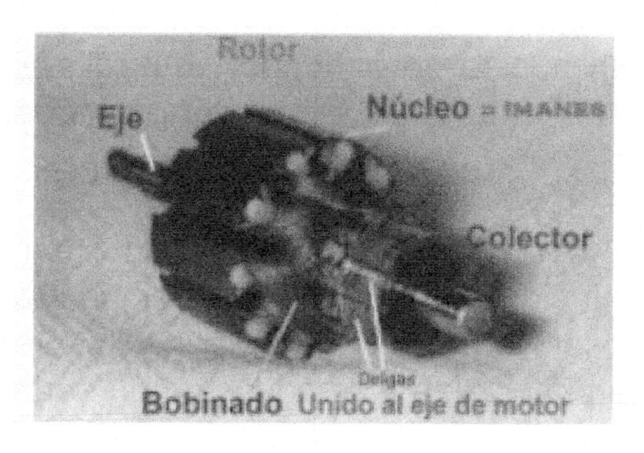

Rotor = Eje unido a las espiras y que gira,

Estator= Parte fija donde están los imanes. No Gira.

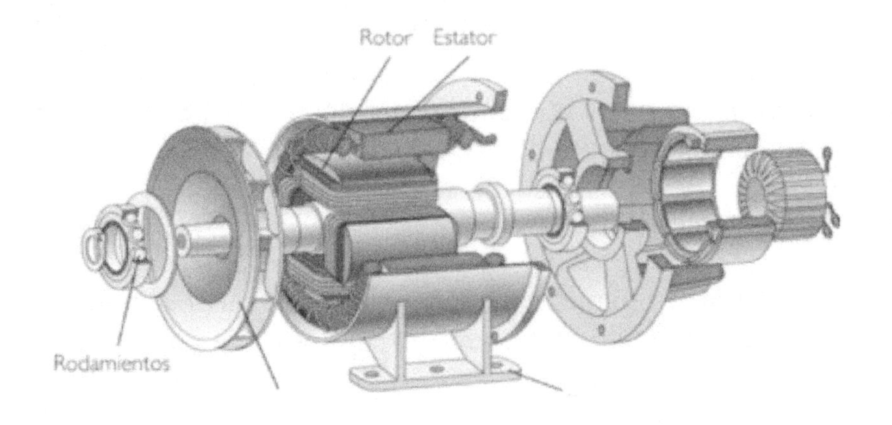

Otras partes son:

- **La culata** es la parte del estator que forma parte del circuito magnético y que soporta los polos.

- Rodeando a la culata está la **carcasa de hierro de fundición** y que es la envolvente de la máquina.

- Sobre la culata se fijan **los polos principales o polos inductores** donde se arrolla el devanado inductor, también denominado de excitación o de campo.

- Cada polo consta de un núcleo polar donde, se arrolla el bobinado del polo, y de **una expansión denominada zapata polar**.

- **Los polos auxiliares o de conmutación** tienen como función mejorar la conmutación en el colector de delgas y, a veces, también compensar la reacción de inducido. Se disponen entre los polos principales y se conectan en serie con el inducido.

- **El rotor tiene un devanado cerrado y un colector de delgas** que permite conectarlo a un circuito eléctrico exterior a través de unas escobillas situadas en el estator. Este devanado es el inducido.

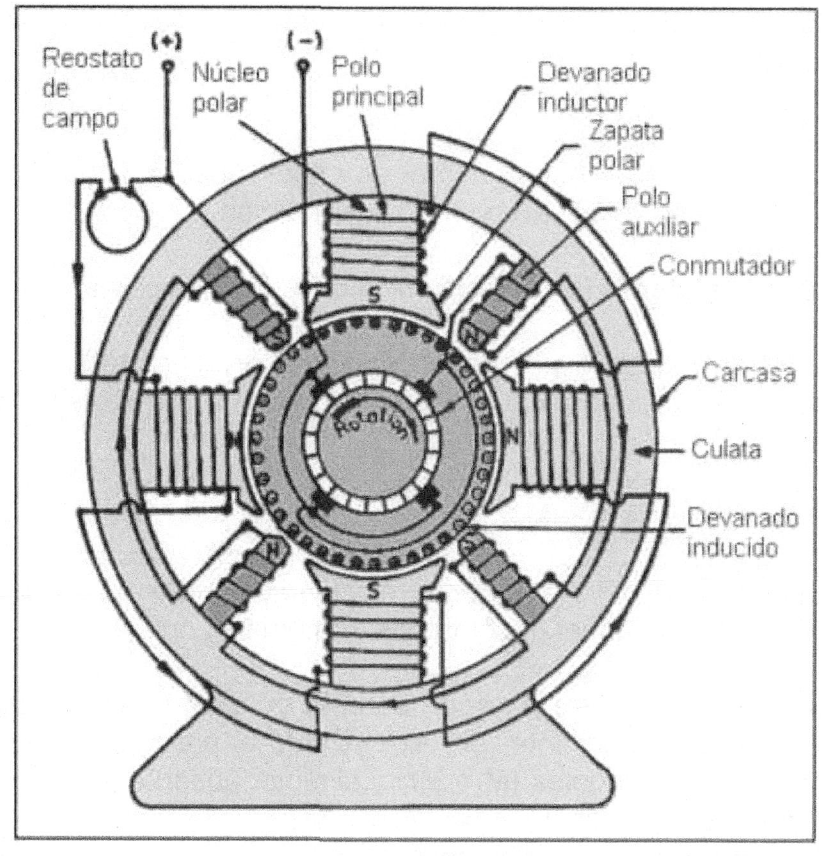

Fuente: Wikimedia Commons. Autor: Edinoruqi

Par Motor en los Motores de CC

- **Par de arranque** (M): El par necesario para que el motor inicie su giro desde el reposo.

Debe ser suficiente para vencer los rozamientos y la inercia.

- **Par de aceleración**: Actúa sobre el motor desde el instante del arranque hasta que alcanza la velocidad nominal.

- **Par nominal**: Actúa sobre el motor una vez que ha alcanzado su velocidad normal o de régimen.

- **Par Resistente** (Mr): Resistencia que ofrece la carga.

En el arranque, el par desarrollado (M o par motor) debe vencer la resistencia que oponga la carga o par resistente (Mr).

Debe cumplirse que **M > Mr**.

En el instante del arranque, la velocidad del motor es 0 y por tanto también la fuerza contraelectromotriz es nula.

El motor alcanza **su régimen estable cuando** su velocidad se mantiene constante, en ese instante el par motor y par resistente son iguales **(M = Mr**) y el motor absorbe de la red la intensidad nominal.

En el arranque, la intensidad que absorbe el motor de la red puede ser hasta 6 veces la intensidad en régimen estable o intensidad nominal.

Luego veremos las curvas del par motor junto con la velocidad y la intensidad en cada tipo de motor distinto.

Intensidades de Arranque

Cuando conectamos el motor el motor parte de la situación de paro total.

Esto hace que para que empiece a girar necesite una fuerza mucho mayor que cuando está girando.

Esta fuerza mayor en el arranque la consigue aumentando mucho la intensidad que absorbe.

Esta sobreintensidad puede afectar no solo al motor, sino incluso a la línea que lo alimenta.

Las diferentes legislaciones, por ejemplo el Reglamento de Baja Tensión, establece unos límites en estas corrientes o intensidades de arranque.

Los motores de más de 0,75Kw (Kilovatios) de potencia deben de estar dispuestos con una resistencia o reóstato de arranque que limite la intensidad de arranque con respecto a la de marcha normal del motor, que corresponde con la de plena carga.

Estas resistencias se suelen colocar en serie con el inducido, hasta que la corriente se limite a la tabla siguiente.

A continuación vemos estas limitaciones en la siguiente tabla:

Relación Máxima Permitida entra la corriente de arranque y de plena carga, en Función de la Potencia del Motor de Corriente Continua

Potencia nominal del motor	Relación máxima entre la corriente de arranque y la de plena carga
De 0,75 W a 1,5 kW	2,5
De 1,5 kW a 5,0 kW	2,0
De más de 5,0 kW	1,5

Según el motor va aumentando su velocidad, se van quitando resistencias o disminuyendo su valor, hasta que se quitan por completo a plena carga.

Tipos de Motores de Corriente Continua

Veamos primero un esquema de los tipos y luego estudiaremos uno a uno.

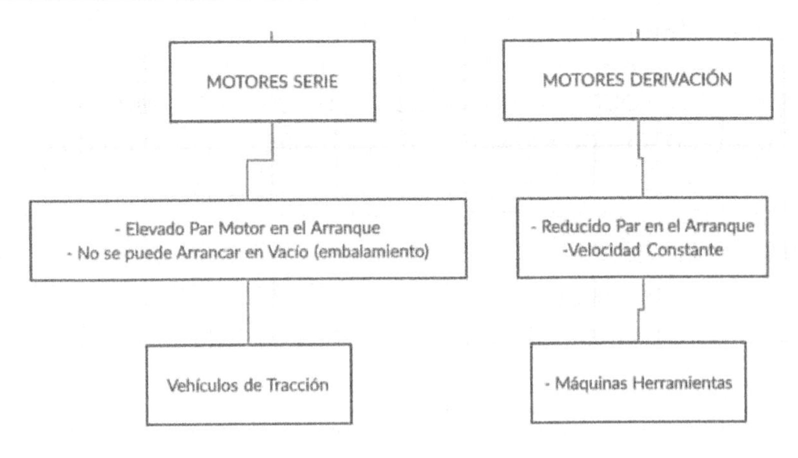

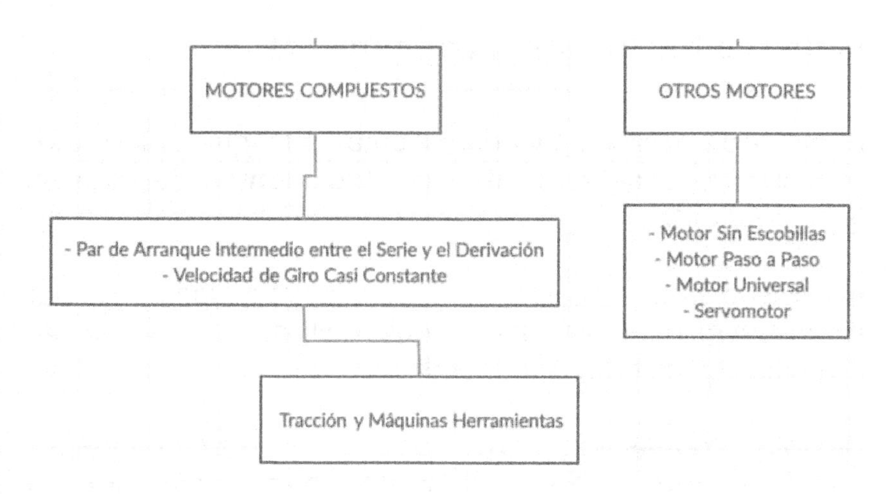

Los motores de cc utilizados en la industria llevan bobinados los polos o imanes del estator y también lleva bobinado el rotor.

Devanado = Bobinado o Bobinas

La forma de conexión para alimentar ambos devanados, bobina inductora e inducida, es precisamente la forma de clasificar los tipos de motores de corriente continua.

Bobina Inductora: Bobina que tiene el campo magnético. La bobina o electroimán del estator.

Bobina Inducida: Bobina que recibe la acción del campo magnético fijo. Bobina del rotor.

Veamos los tipos, sus características y curvas, para al final ver cómo se conectan.

Motor de Excitación Independiente

El motor de excitación independiente es tal que **el inductor y el inducido se alimentan de dos fuentes de energía independientes**.

No se suelen utilizar, salvo excepciones muy concretas, por el inconveniente de tener que utilizar 2 fuentes de alimentación externas independientes.

De todas formas, **las características de funcionamiento son similares a las del motor con excitación en derivación** o shunt, por lo que no las estudiaremos.

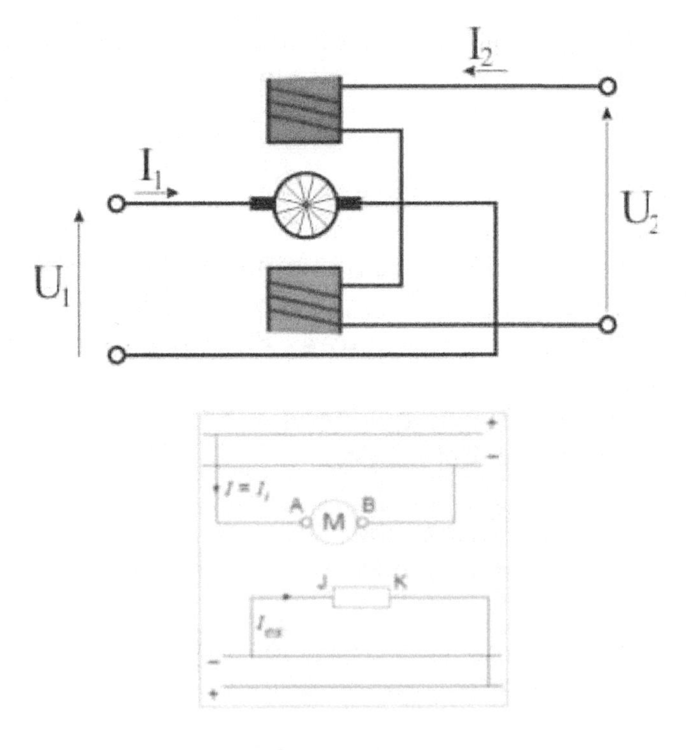

Excitación Independiente

Motor en Serie

El motor serie es aquel en el que los devanados del inductor y del inducido se encuentran conectados en serie.

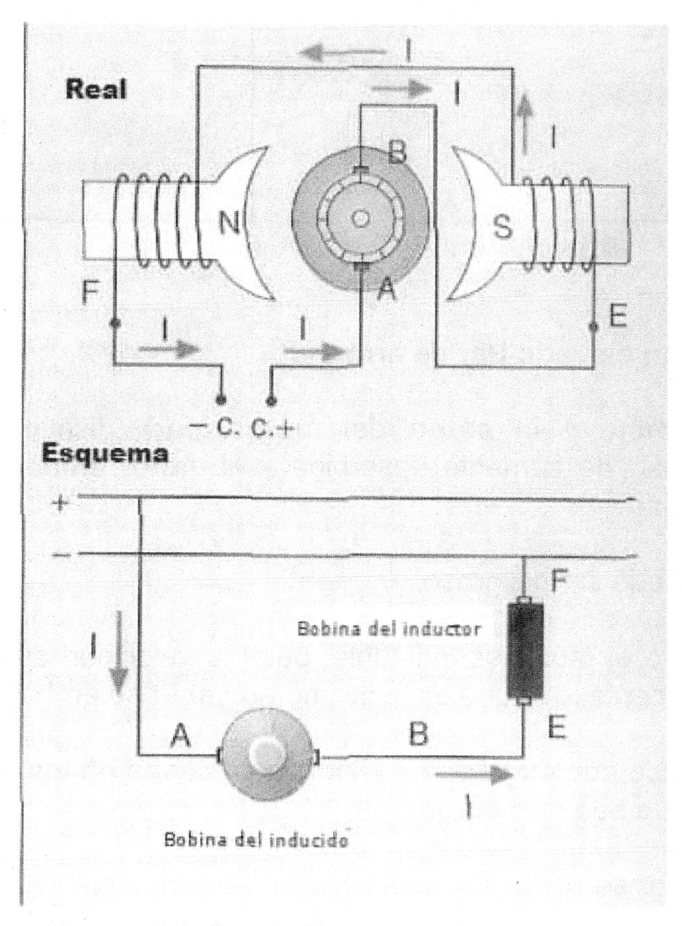

Motor Excitación Serie

Solo necesitan 1 fuente de alimentación en cc.

En cualquier motor cc lo más importante es el comportamiento del motor según su velocidad y su par.

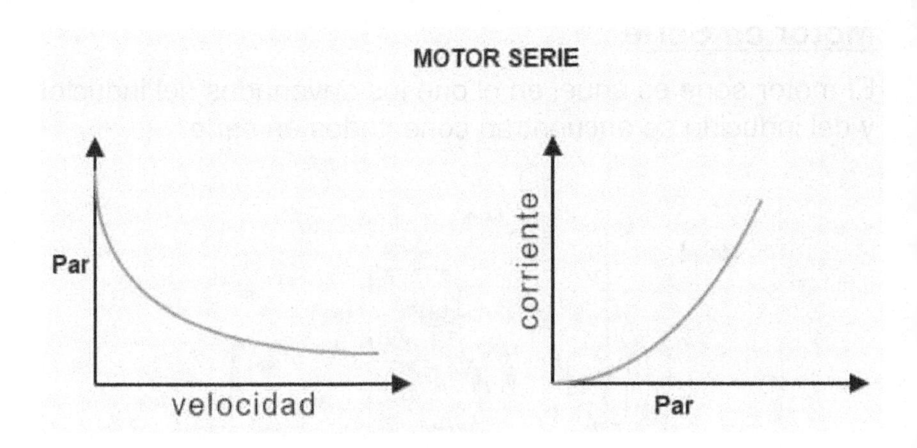

Tiene un elevado Par de arranque.

Si disminuye la carga del motor (par), disminuye la intensidad de corriente absorbida y **el motor aumenta su velocidad**.

Esto puede ser peligroso.

En vacío el motor es inestable, pues la velocidad aumenta bruscamente, o lo que es lo mismo **en vacío se embala**.

Esto hace que **su uso sea siempre en casos en los que el arranque sea con carga.**

Por esto, se utiliza en vehículos de tracción eléctrica, como tranvías, locomotoras, trolebuses, en el sector de la automoción, en polipastos, elevadores y grúas porque ofrece un elevado par de arranque.

Motor en Derivación o Shunt

El motor Shunt se conecta a los devanados inductor e inducido en paralelo.

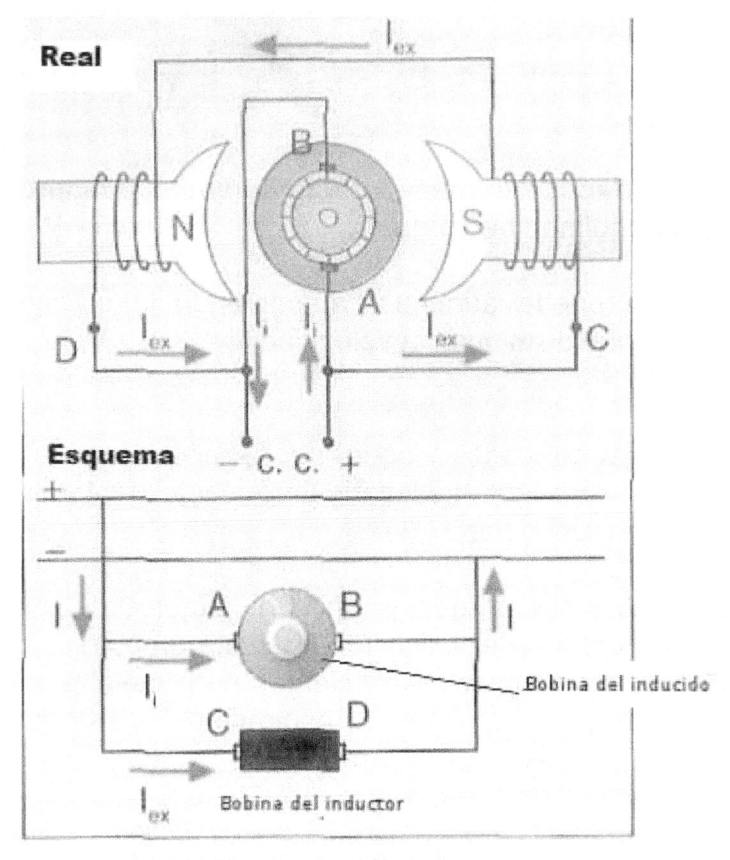

Motor Excitación Paralelo

Nota: Al Par motor se le puede llamar Momento o incluso Torque.

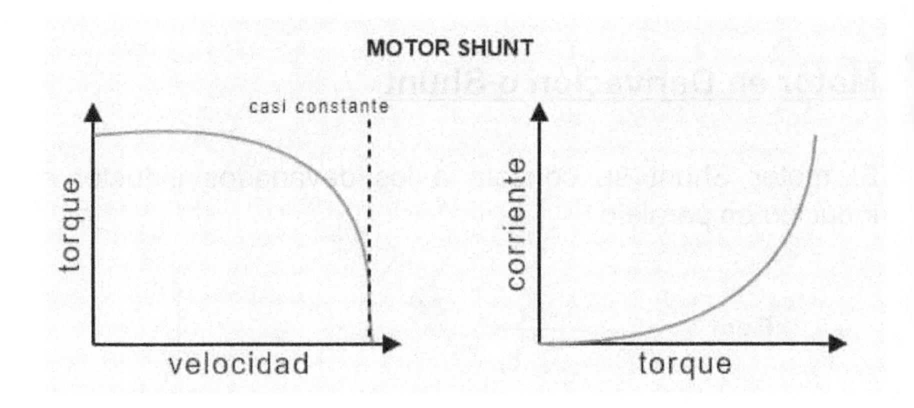

La **velocidad permanece prácticamente constante** para cualquier régimen de carga.

El par se puede aumentar aumentando la corriente del motor sin que disminuya la velocidad.

Se emplea en casos donde se necesite una velocidad constante y no sea necesario arrancar el motor a plena carga (con mucho par).

Dada la estabilidad que permite el motor de derivación, posee un campo de aplicación bastante amplio, como, por ejemplo, en máquinas, herramientas para metales como el torno, madera, plásticos, aspiradoras, sistemas de transporte y rectificadoras, etc.

Los motores en paralelo se utilizan cada vez menos, sus tareas las asumen los motores de CA, pero todavía se encuentran en algunos ascensores.

Motor Compound

El **motor Compound o Compuesto** consta de dos devanados inductores, uno está en serie con el devanado inducido y el otro en paralelo.

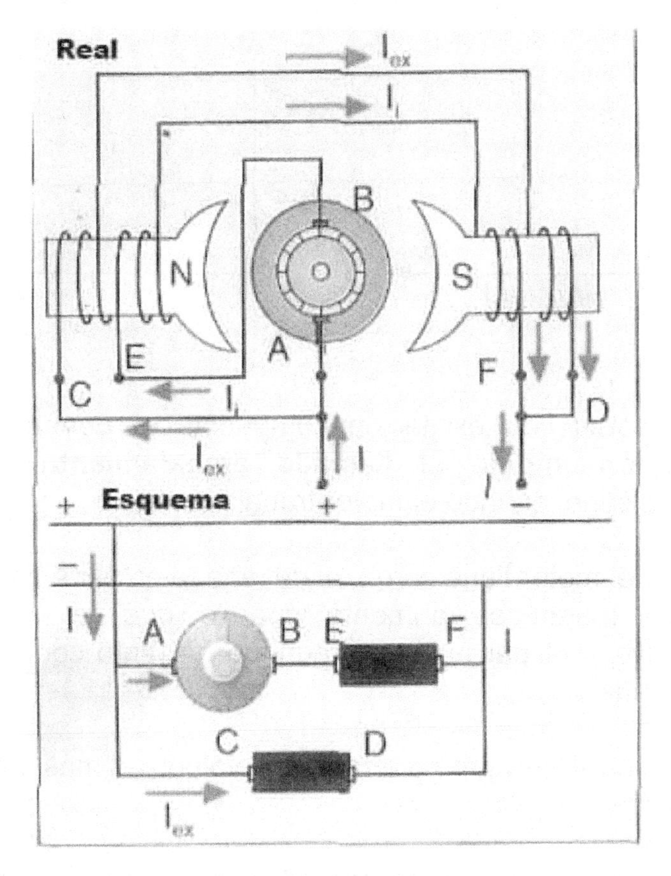

Motor Excitación Compound

En el arranque se comportan en vacío como los motores en paralelo.

Este tipo de motor tiene un par de arranque alto cuando la carga varía ligeramente.

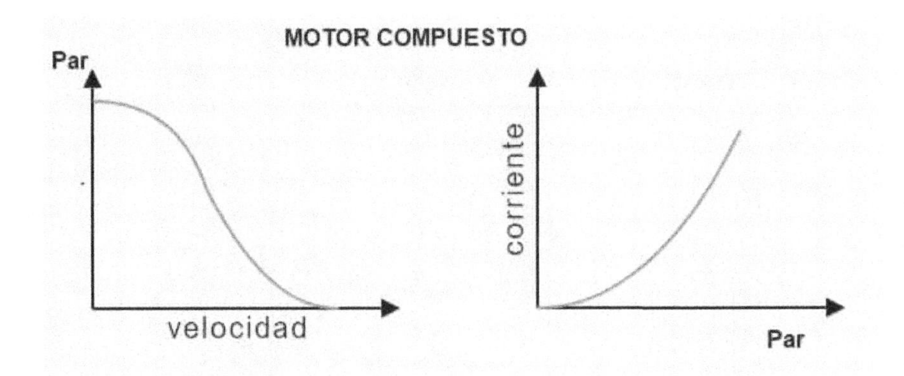

Los motores con excitación compuesta **el devanado en derivación impide el llamado embalamiento** de los motores serie, cuando el motor trabaja en vacío.

Cuando el motor tiene carga, el devanado en serie hace que el flujo magnético aumente con lo que la velocidad disminuye y el par aumenta, aunque no tanto como en un motor serie.

Conclusión: Buen par de arranque y velocidad más o menos constante.

Se utilizan en aquellos casos en los que el par de arranque de los **motores en paralelo no es capaz de mover la carga en los primeros momentos**, como, por ejemplo, en dispositivos de elevación.

Se puede utilizar prácticamente para cualquier cosa como tracción, laminadoras, máquinas herramientas, etc.

Curvas Par-Velocidad-Intensidad

Veamos las curvas de los motores de corriente continua en función del tipo de conexión pero combinadas para apreciar mejor las diferencias.

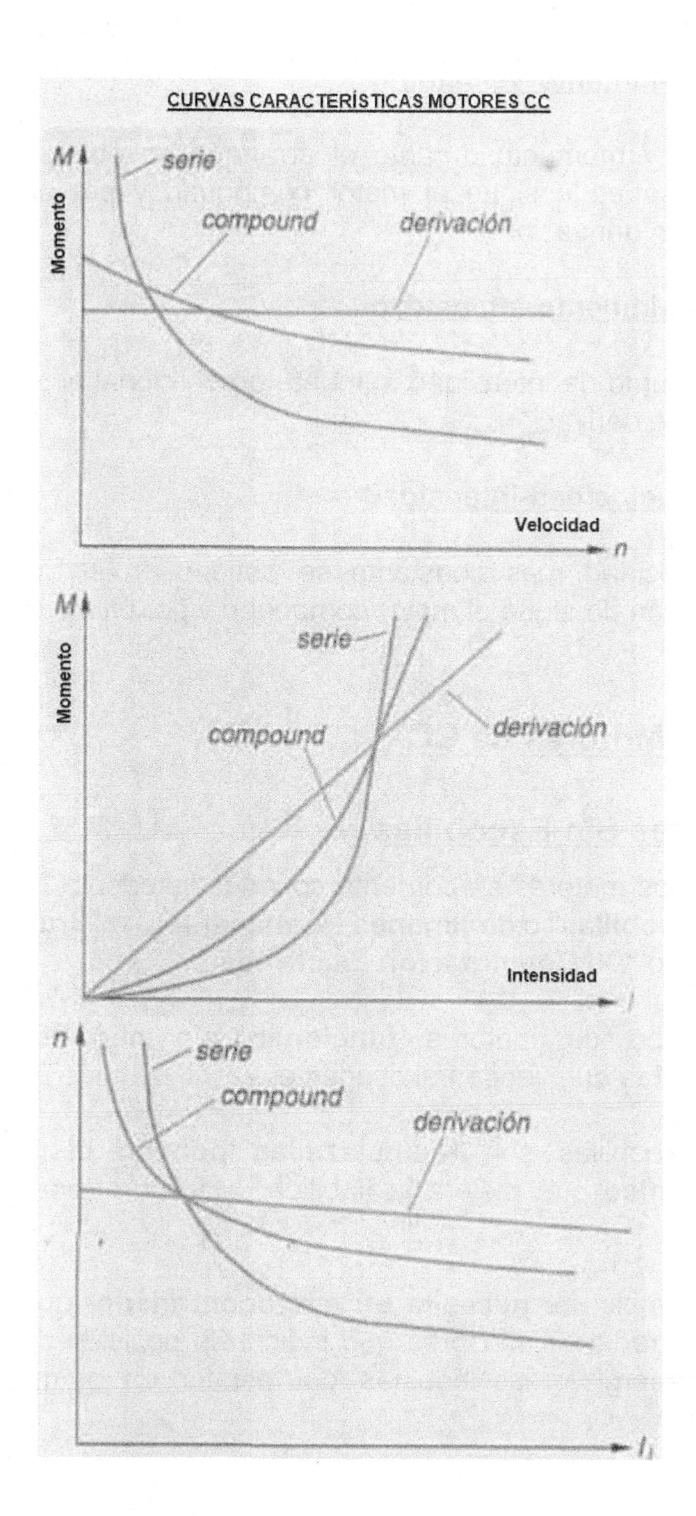
CURVAS CARACTERÍSTICAS MOTORES CC
M
Momento
serie
compound
derivación
Velocidad
n
M
Momento
serie
compound
derivación
Intensidad
I
n
serie
compound
derivación

Curva Momento-Velocidad

El mayor momento durante el arranque se obtiene en el motor serie, le sigue el motor compound y por último el motor en derivación.

Curva Momento-Intensidad

El consumo de intensidad aumenta proporcional al par en el motor de derivación.

Curva Velocidad-Intensidad

La velocidad más constante se obtiene en el motor en derivación, le sigue el motor compound y por último el motor en serie.

Otros Motores de CC

Motores Sin Escobillas

Hay unos motores de corriente continua llamados "**Motores sin Escobillas**" o de "**Imanes Permanentes**" o "**Brushless**" o incluso "**De Conmutación Electrónica**".

Este tipo de motores **funcionan sin necesidad de escobillas** que tienden al desgaste.

Las escobillas son **reemplazadas por un dispositivo electrónico** que mejora la fiabilidad y la durabilidad de la unidad.

Por ejemplo, **se necesita un microcontrolador** que utiliza una entrada de sensores que indican la posición del rotor, para energizar las bobinas del estator en el momento correcto.

Visualmente son iguales al resto de motores de corriente continua.

Precisamente la desventaja de los motores sin escobillas es que necesitan administración electrónica para funcionar.

Los motores de este tipo se utilizan en áreas donde se requiere un control preciso y un par bajo, como en robots y servo sistemas.

Los motores paso a paso son un ejemplo del diseño sin escobillas, como los que vamos a ver a continuación.

Motor Paso a Paso

Básicamente consiste en un motor que tiene como mínimo cuatro bobinas que al ser energizadas con corriente continua de acuerdo a una secuencia, origina el avance del eje de acuerdo a ángulos exactos (submúltiplos de 360).

Estos motores son muy utilizados en impresoras, en disqueteras, el sistema de control de posición accionado digitalmente.

Motor Universal

Tiene la forma de un motor de corriente continua en conexión serie.

La principal diferencia es que está diseñado para funcionar con corriente alterna y con corriente continua.

Se utiliza en los taladros, aspiradoras, licuadoras, lustradoras, etc. Su eficiencia es baja (del orden del 51%), pero como se utilizan en máquinas de pequeña potencia esta ineficiencia no se considera importante.

Bornes de las Máquinas de CC

DESIGNACIÓN DE LOS BORNES EN LAS MÁQUINAS DE CC

	NORMATIVA ACTUAL (UNE-EN 60034-8)		NORMATIVA ANTERIOR	
Devanado	Principios	Finales	Principios	Finales
Inducido	(A1)	(A2)	A	B
Inducido + devanados auxiliares	A1	A2	-	-
Polos auxiliares	B1	B2	G	H
Compensación	C1	C2		
Excitación serie	D1	D2	E	F
Excitación shunt	E1	E2	C	D
Excitación independiente	F1	F2	J	K

EJEMPLO

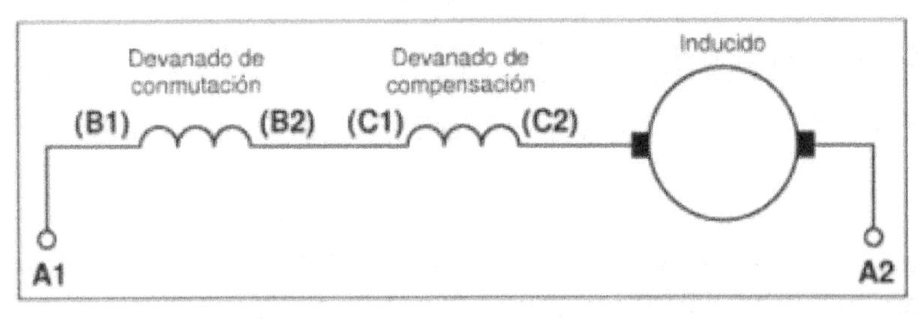

Ecuación General de los Motores CC

La ecuación eléctrica que su devanado inducido (rotor) es:

$$V_i = E + R_i\, I_i + V_{esc} \approx E + R_i\, I_i$$

V_i: tensión de alimentación del circuito inducido (de resistencia R_i).
I_i: corriente del devanado inducido.
V_e: tensión de alimentación del circuito inductor (de resistencia R_e).
I_e: corriente del devanado inductor o de excitación.
R_e: resistencia <u>total</u> del circuito inductor, el cual está formado por: devanado inductor + reóstato de excitación o de regulación del campo (si lo hay)
R_i: resistencia <u>total</u> del circuito del inducido, el cual está formado por: devanado inducido + devanados auxiliares + devanado de excitación serie (si lo hay) + reóstato (si lo hay)
E: fuerza electromotriz (f.e.m.) inducida en el devanado inducido.
V_{esc}: caída de tensión en un par de escobillas ($V_{esc} \approx 2$ V si $I_i \neq 0$).

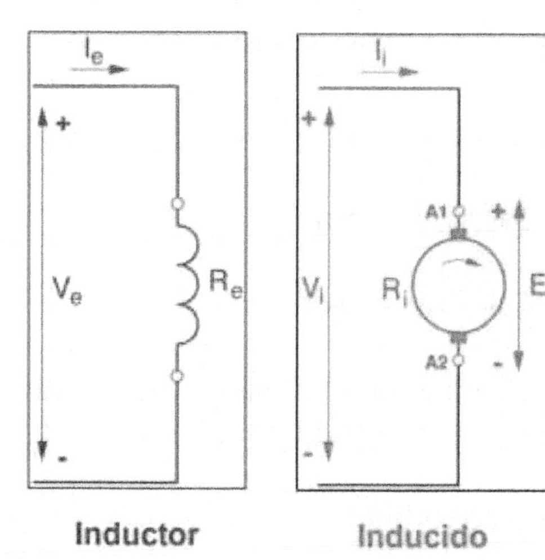

Potencias en los Motores CC

En un motor la potencia de entrada **P1 es la potencia que la red eléctrica** (o las dos redes eléctricas que alimentan, respectivamente, al inductor y al inducido del motor cuando la excitación es independiente) **le suministra y la potencia de salida P2** es la **potencia mecánica que el motor ejerce sobre el eje**.

También se suele llamar a P1 potencia absorbida y a la P2 la potencia útil

P1 = Vi x Ii + Ve x Ie

Vi x Ii = Pi = Potencia en el inducido

Vi = Tensión en el inducido
Ii = Intensidad en el inducido
Ve = tensión de alimentación del circuito inductor
Ie : corriente del devanado inductor o de excitación

Si la excitación no es independiente:

P1 = Pabsorbida = V x Itotal

El rendimiento del motor será:

η = P2 / P1 = Pútil/ Pabsorbida

Con lo que sí sabemos el rendimiento de un motor podemos averiguar la potencia de salida, mecánica o útil (P2)

P2 = Pútil = η x Pabsorbida

Pérdidas Motor de CC

Esta potencia útil es el resultado de restar a la potencia absorbida todas las potencias pérdidas, que son:

- Pérdidas en los conductores de la excitación por efecto de su resistencia eléctrica.

- Pérdidas en los conductores por su resistencia eléctrica del inducido y del inductor, denominadas, **pérdidas en el cobre (Pcu)**

Pcu-inducido = Ve x Ie = Ri x Ii^2
Pcu-inductor = Ve x Ie = Re x Ie^2

Cada una de ellas se puede evaluar mediante la expresión: $P=I^2 \cdot R$, pues es potencia que se pierde en forma de calor.

- **Pérdidas en el hierro**, por la energía perdida en los campos magnéticos y en las corrientes parásitas que aparecen en las piezas de hierro (PFe)

- Pérdidas mecánicas por rozamientos y ventilación (PMec)

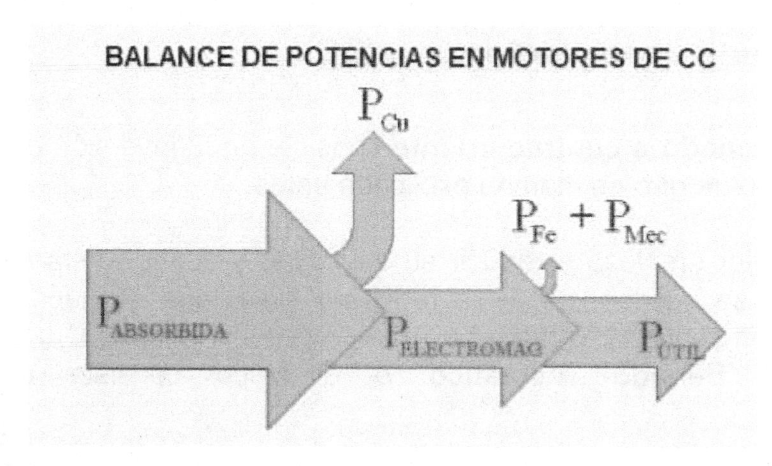

Para obtener los valores de las pérdidas en el hierro y mecánicas se suelen hacer ensayos de funcionamiento del motor en vacío.

Ensayo en Vacío

Esta es la corriente que consume el motor sin carga, alimentado a su tensión nominal.

Se pone el motor a funcionar sin arrastrar nada, con lo cual la potencia que consume el inducido es despreciable, y la potencia absorbida se gasta únicamente en las pérdidas en el cobre (que se pueden calcular), y en las pérdidas en el hierro más las mecánicas, obteniendo así el valor de estas dos últimas en conjunto.

Este valor se mantiene con el motor funcionando bajo carga.

Ensayo en Carga

Con este ensayo se pretende valorar el comportamiento del motor con diferentes tipos de cargas.

Gracias a este ensayo podemos obtener gráficas de magnitudes tan importantes como el par, la intensidad absorbida o la velocidad del motor para diferentes cargas.

Frenado de los Motores de CC

- El **frenado a contracorriente** consiste en la inversión del sentido de giro en marcha explicada antes.

El motor empieza a reducir su velocidad y cuando esta se anula se desconecta de la red para evitar que empiece a girar en sentido inverso.
- **El frenado reostático** o dinámico consiste en

desconectar el inducido del motor de la red y conectarlo a una resistencia (suele ser el reóstato de arranque).

La máquina empieza a actuar como generador, ejerciendo un par de frenado y disipando en la resistencia la energía eléctrica generada.

Mediante esta resistencia se controla el par de frenado.

- **El frenado con recuperación o regenerativo** consiste también en hacer que la máquina pase a funcionar como generador.

En este caso la energía eléctrica generada no se pierde, sino que se devuelve a la red eléctrica del inducido.

Esto se consigue ajustando la tensión Vi para que en cada momento se mantenga inferior a la f.e.m. E.

Mediante la tensión del inducido Vi se controla el par de frenado.

Inversión de Giro Esquema

A continuación puedes ver el esquema de mando y el esquema de fuerza para el arranque del motor de corriente continua y poder hacer el cambio de sentido de giro.

Recuerda que para hacer el cambio de sentido de giro es necesario cambiar la polaridad del motor.

Veamos los esquemas en la página siguiente:

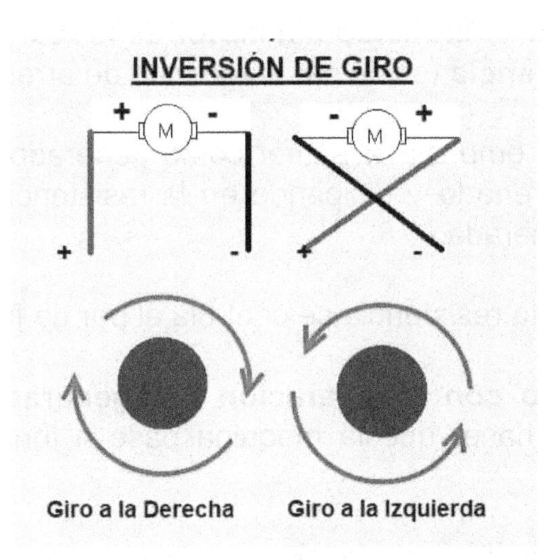
INVERSIÓN DE GIRO
M
M
Giro a la Derecha
Giro a la Izquierda

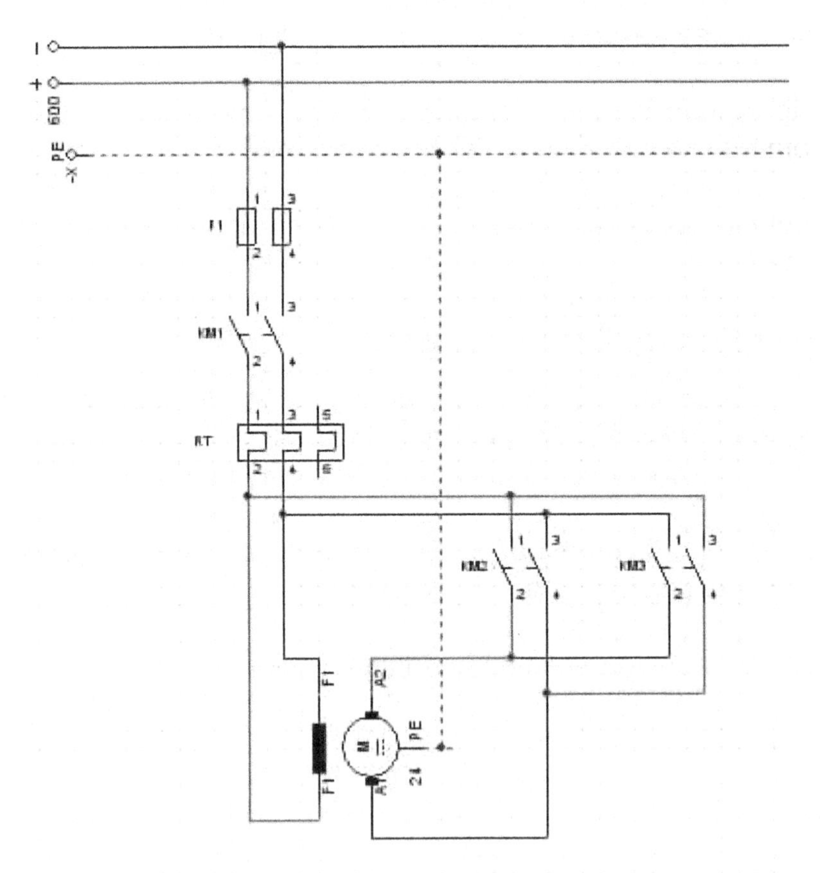
F1
KM1
RT
KM2
KM3
A2
A1
PE
M

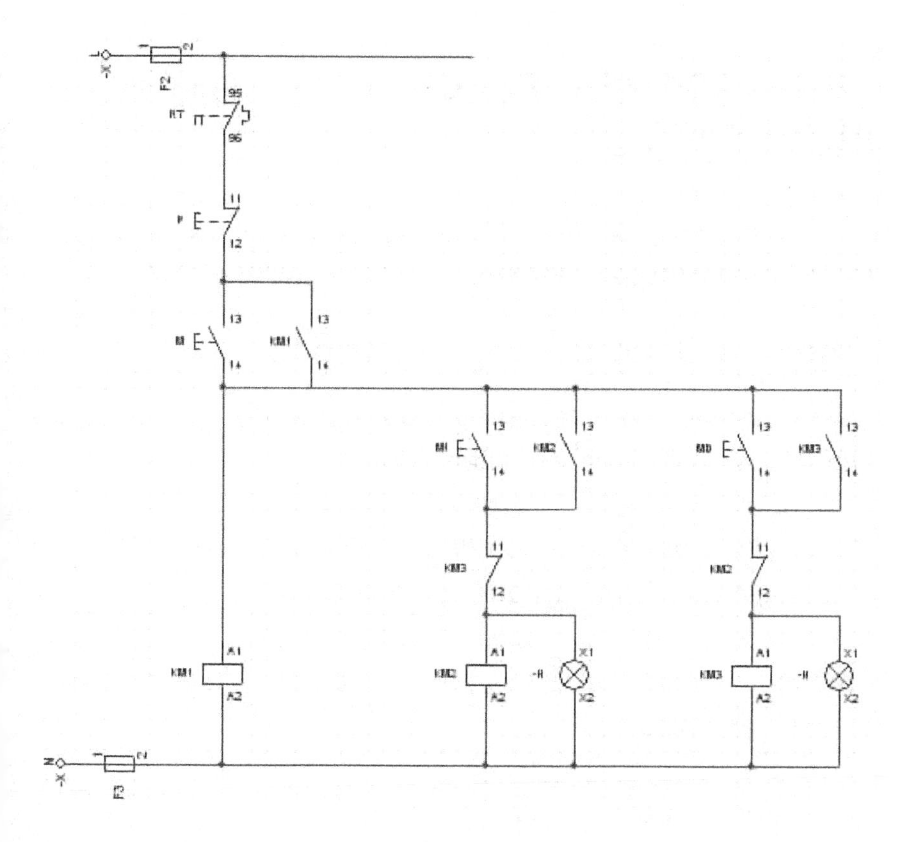

Para pequeños motores podemos hacer otras soluciones

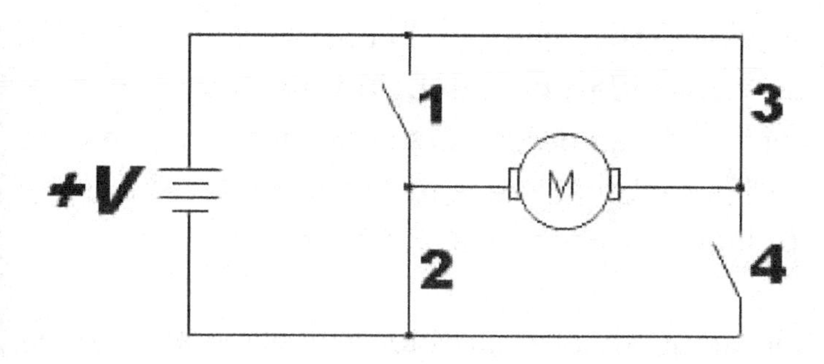

GENERADORES ELÉCTRICOS: DINAMO Y ALTERNADOR

Un generador es una máquina eléctrica rotativa que **transforma energía mecánica en energía eléctrica**.

Tipos de Generadores Electricos

Como hemos visto tenemos **dos tipos de generadores eléctricos**, la dinamo y el alternador.

Generador y alternador son dos dispositivos que **convierten la energía mecánica en energía eléctrica**.

Ambos tienen el mismo principio de inducción electromagnética.

La diferencia básica entre generadores o alternadores de corriente alterna (alternadores) y generadores de corriente continua o dinamos, es la ausencia de anillos partidos (conmutador) en los alternadores.

Ya sea en alternadores o dinamos, **la corriente inducida en la bobina es generada por inducción electromagnética**, pero en los generadores de corriente continua o dinamos, la adición de anillos partidos crea la rectificación de la corriente alterna en corriente continua en el circuito externo.

Veamos ahora más detalladamente el funcionamiento de una dinamo y un alternador.

EL ALTERNADOR

Recordamos que cuando vimos su principio de funcionamiento vimos que:

Movimiento de una espira dentro de un campo magnético = Generación de corriente eléctrica.

Mejor que corriente eléctrica sería decir **se genera una** tensión o una **fuerza electromotriz (fem)** en los extremos del cable, ya que **sólo se producirá la corriente cuando en esos extremos conectemos un receptor** (lámpara por ejemplo).

En este experimento también se comprobó que **cuanto más rápido cortaba la espira las líneas del campo magnético del imán, se creaba mayor corriente eléctrica inducida** en él.

Este descubrimiento fue lo que dio lugar a los **generadores eléctricos**, **llamados dinamos o alternadores, en función del tipo de corriente que generaba**.

Las dinamos corriente continua y los alternadores corriente alterna.

También se suelen llamar "**Generador Electromagnético**" porque mezcla el magnetismo con la electricidad.

No vamos a seguir con la explicación del funcionamiento porque ya la vimos anteriormente, solo recordar que la onda que generaba es una onda senoidal, que cambia el sentido de la corriente y además la intensidad es variable, no siempre es la misma.

Si somos capaces de unir los extremos de la espira a un receptor tendremos un generador de corriente eléctrica, en este caso de corriente alterna (alternador).

En España los alternadores de las centrales eléctricas **giran 50 veces por segundo**, es decir la frecuencia de la corriente eléctrica es de **50 Hz** (hertzios).

Se repite la misma onda 50 veces cada segundo (50 Hertzios (Hz)).

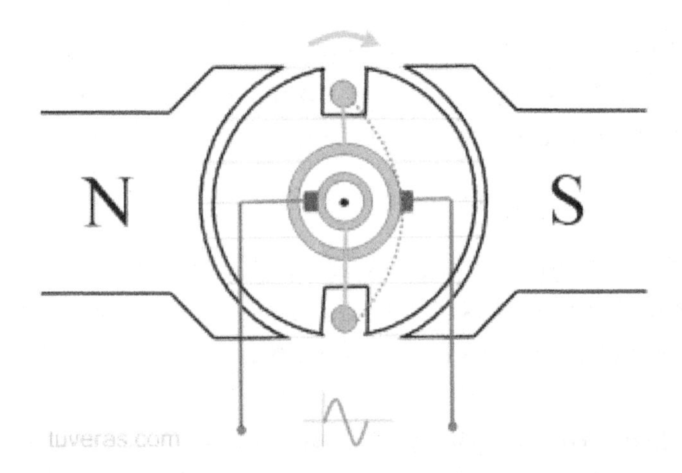

Puedes ver la imagen animada aqui: https://www.areatecnologia.com/images/alternadoranimado.gif

A continuación tienes un esquema de un alternador eléctrico de una sola espira y con las escobillas para sacar la corriente por ellas.

La misma escobilla cambia de polaridad (polo + a -) en cada vuelta completa de la espira.

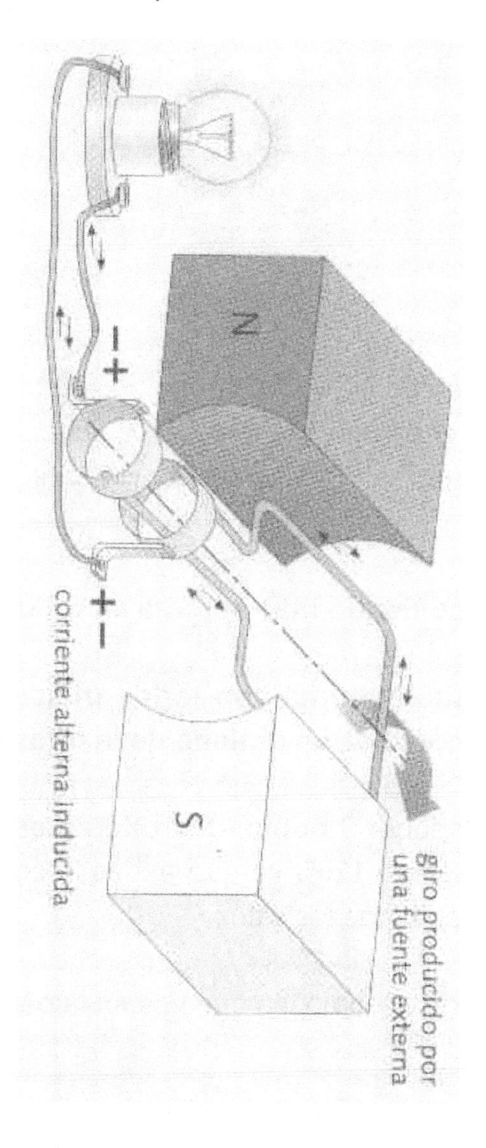

Si en lugar de una espira construimos **un bobinado**, es decir muchas espiras, tendremos una dinamo que produce más corriente o mayor tensión en sus extremos y además constantemente.

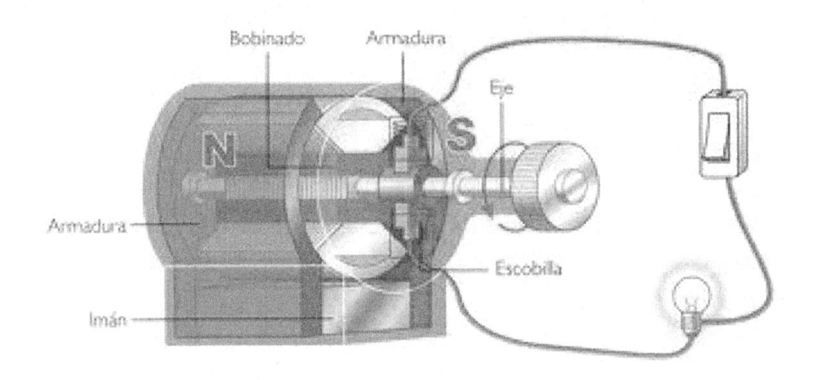

Hay que darse cuenta que con una sola espira cuando está perpendicular al campo (o fuera de él) los conductores de la espira no cortan el campo y por lo tanto no producen corriente.

Esto se evita **poniendo más espiras en todos los ángulos**.

Además **los alternadores son todos trifásicos**, ya que **la corriente monofásica se obtiene de la trifásica**.

Deberemos deponer **3 bobinados diferentes**, uno por cada fase **y desfasados 120º**, ya que así es la corriente trifásica que se utiliza en todos los sitios.

Y generan 3 ondas como las que ves en la página siguiente:

Alternador con 1 par de polos por fase

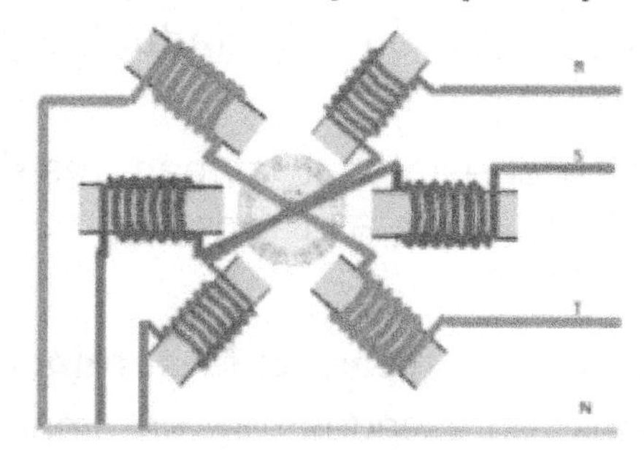

Alternador con 2 pares de polos por fase

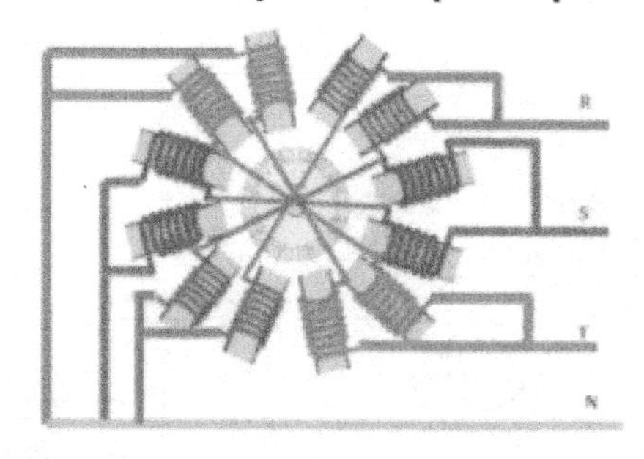

SISTEMA TRIFÁSICO DE CORRIENTE ALTERNA

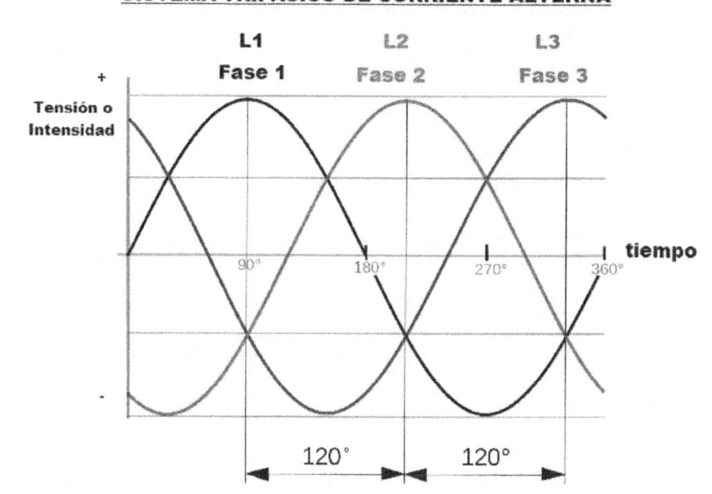

En la práctica es mucho más interesante hacer girar las piezas polares que producen el campo magnético **inductor (rotor)** y dejar fijos los conductores del .**inducido (estator)**

El inducido, situado en el estator, lo forman tres devanados independientes y separados entre sí 120º.

El inductor, situado en **el rotor, está formado por un electroimán** (bobinas enroscadas en un imán) que es **alimentado por una corriente continua de excitación**.

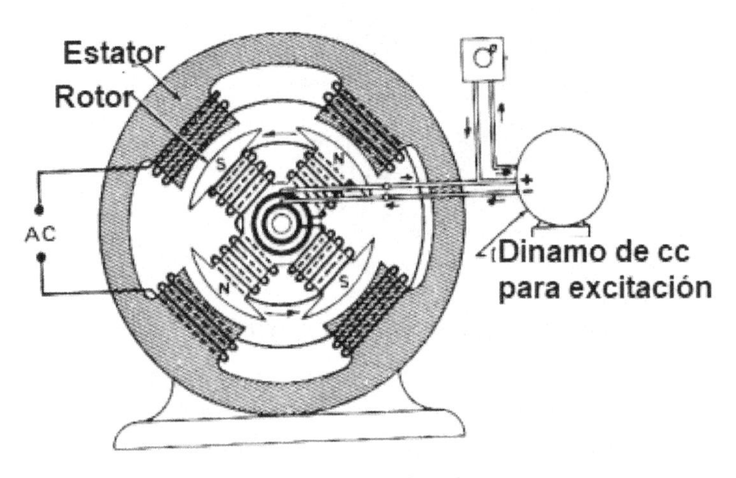

Alternador excitado por generador de CC

Al disponer los devanados del inducido en el estator se evita la utilización de los correspondientes tres anillos colectores y escobillas para la extracción de la C.A. trifásica generada.

Solo necesitamos anillos rozantes y escobillas para alimentar el rotor en corriente contínua, mejorando así la producción de corriente gracias a la excitación del rotor.

Además, hay que pensar que las tensiones y corrientes con las que trabaja un alternador industrial son bastante elevadas (del orden de 10 a 20 kV y cientos de amperios), lo que complicaría aún más la utilización de colectores.

Tensiones e Intensidades Generadas

Como verás a continuación, por trigonometría podemos deducir los valores instantáneos de la onda.

Por si no recuerdas la trigonometría en triángulos rectángulos, te dejamos un resúmen con el que servirá para entender todo lo explicado.

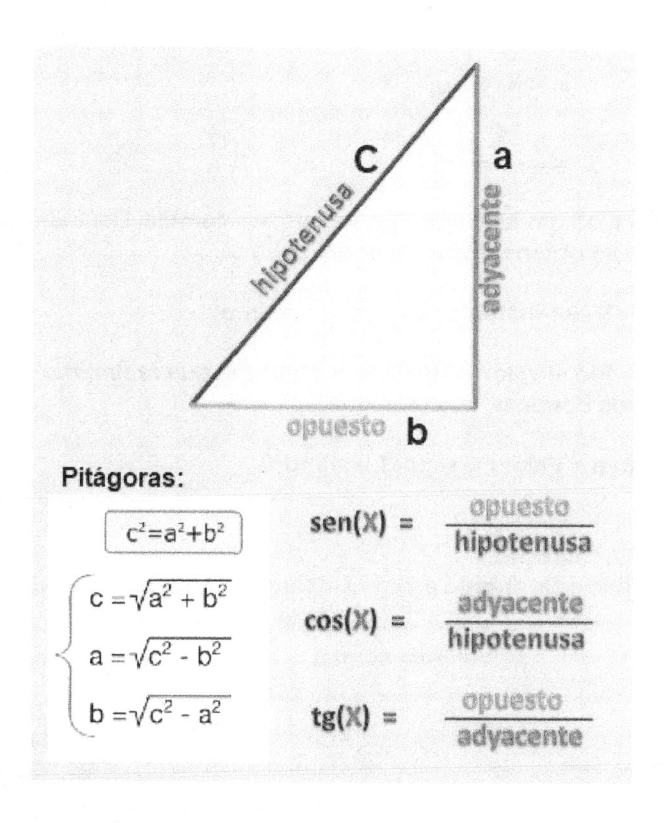

La onda senoidal que genera el alternador tiene en cada instante el mismo valor que la proyección sobre el eje Y del punto donde se encuentra la espira.

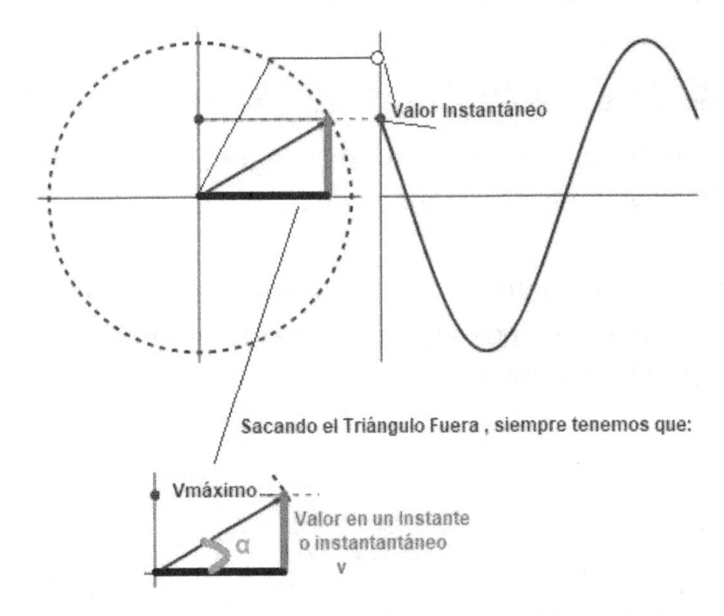

El Valor máximo es siempre el mismo, no cambia. Del triángulo rectángulo obtenemos el valor del seno α:

seno α = Valor instantáneo / Valor máximo;

Despejando el valor instantáneo, que es el que realmente queremos conocer, tenemos que:

v = seno α x Valor máximo; Llamando:

v = valor instantáneo
V_o= valor máximo
α = ángulo alfa, ángulo en en el instánte que queremos saber v

v = Vo x seno α

Esta es la ecuación o función de una onda de corriente alterna, donde podemos obtener los diferentes valores en cada instante.

Además:

w = velocidad angular = espacio / tiempo = α / t
w = α / t ==> Despejando $\alpha = w \times t$; podemos poner la fórmula en función de estos valores, en lugar del ángulo:

$$v = Vo \times \text{seno } wt$$

También sabemos que:

$w = 2 \times \pi \times f$; donde f es la frecuencia de la onda (50Hz en Europa)

Poniendo estos valores en la fórmula tenemos:

$$v = Vo \times \text{seno } (2 \times \pi \times f \times t)$$

OJO el ángulo en radianes para hacer cálculos.

Por último podemos calcular la Vo en función de la Tensión Eficaz V.

$$Vo = \sqrt{2} \times V$$

La onda de intensidad y de tensión tiene la misma forma (senoidal) pero cambian los valores máximos y pueden cambiar los ángulos. En definitiva estos valores instantáneos podemos decir que valen:

$$\mathbf{i = Io \times seno\ \rho}$$

$$\mathbf{v = Vo \times seno\ \rho}$$

El ángulo **ρ** puede cambiar en función del receptor que pongamos en el circuito de salida, pero esto ya no es del tema de generadores, sino de circuitos eléctricos.

Si quieres saber más puedes buscar en google: “Areatecnologia: Circuitos de Corriente Alterna”

La tensión de línea cuando los devanados están conectados en estrella será:

$$\mathbf{Vl = \sqrt{3} \times Vfase}$$

Si están en triángulo Vlinea = Vfase

En cuanto a la velocidad del alternador tenemos que debe ser:

$$\mathbf{n = 60. f / P}$$

Donde en Europa la “f” de la frecuencia es de 50 Hz (vueltas por segundo), luego dependerá de los pares de polos, igual que vimos en los motores.

Determinar la frecuencia que produce un alternador que gira a una velocidad de 1.500 r.p.m. si éste posee dos pares de polos.

De la expresión anterior tenemos:

$$f = (P \times n) / 60 = 2 \times 1500/60 = 3.000 / 60 = 50Hz$$

LA DINAMO

Para conseguir sacar la corriente generada en la espira, colocamos **unos colectores** que giren con cada uno de los extremos de la espira **y unas escobillas** fijas por donde sacamos la corriente (ver imagen de más abajo).

Si nos fijamos en los colectores estos están cortados.

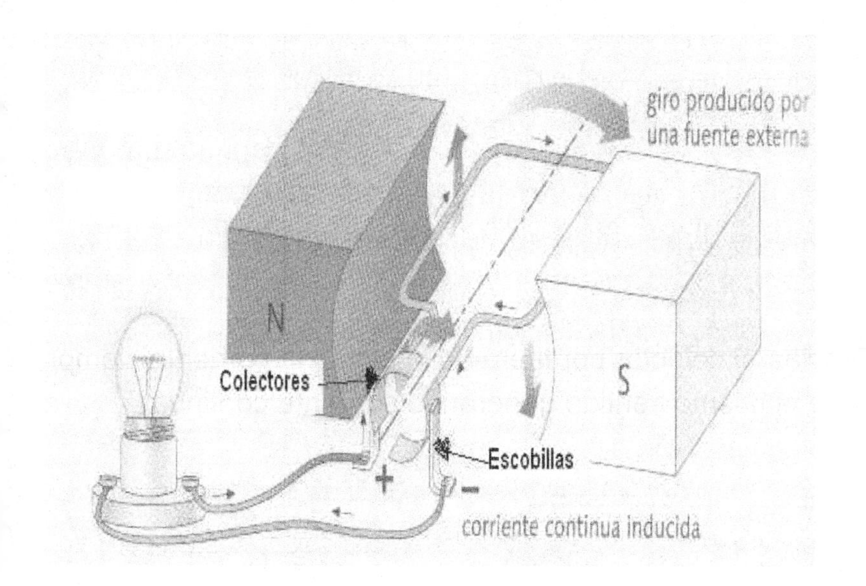

El motivo **es para que por fuera de la espira la corriente siempre vaya en el mismo sentido y así generemos corriente contínua**.

Giremos mentalmente la espira y analicemos que si los colectores fueran anillos completos (sin cortar) la corriente por fuera de la espira saldría por la escobilla (fija sin moverse) en un sentido y cuando la espira gira media vuelta saldría por el sentido contrario.

Es decir, estaríamos generando corriente alterna y no sería una dinamo sino un alternador (generador de corriente alterna).

Fíjate como es el alternador ya visto anteriormente:

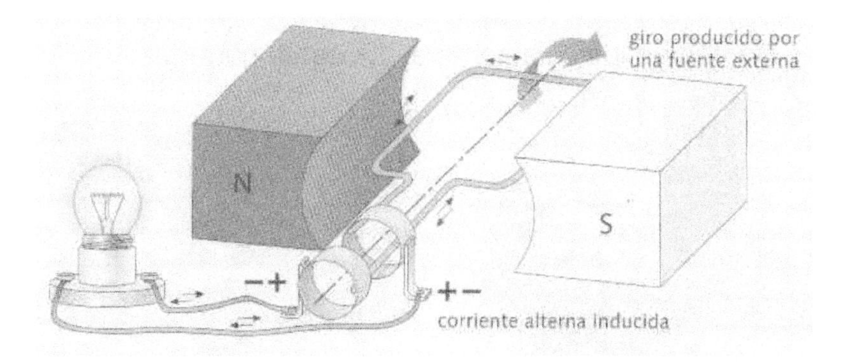

Gracias al colector por fuera de la espira la corriente siempre tiene el mismo sentido generando corriente continua.

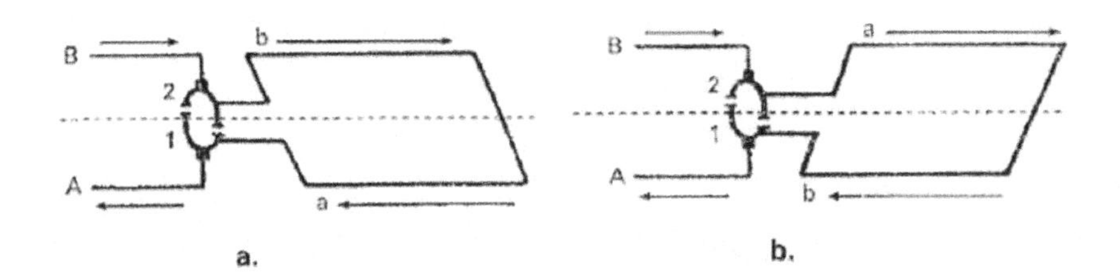

El sentido de la corriente a la salida de la espira permanece constante gracias al colector de delgas.

Onda alternador vs Dinamo

Esta es la diferente onda que crea un generador dinamo (corriente continua) de un generador alternador (corriente alterna):

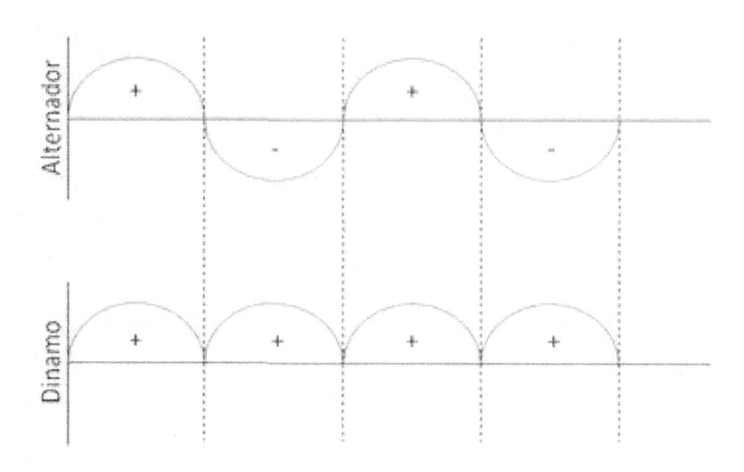

Puedes ver perfectamente la **diferencia entre dinamo y alternador** respecto a la onda que generan.

Partes Dinamo

Básicamente tiene 3 partes: Inductor, Inducido y el Colector.

También llevan escobillas.

El inductor es fijo (estator) y se sitúa en el estator (parte estática o sin movimiento de la máquina).

Está formado por un electroimán de dos polos magnéticos en las máquinas bipolares, o de varios pares de polos en las multipolares.

El bobinado y las piezas polares de hierro dulce del electroimán están rodeados por una carcasa o culata de fundición o de acero moldeado que sirve de soporte a la máquina y permite el cierre del circuito magnético

El inducido es móvil (rotor) y se sitúa en el rotor.

Está compuesto de un núcleo magnético en forma de cilindro y constituido por chapas magnéticas apiladas, con el fin de evitar las pérdida por histéresis y corrientes parásitas, donde se bobinan las espiras con conductores de cobre esmaltados,

El núcleo de chapas dispone de una serie de ranuras donde se alojan los bobinados del inducido.

La histéresis y las corrientes parásitas las veremos más adelante en los transformadores.

En el eje del inducido o rotor, se fija **el colector de delgas** formado por láminas de cobre electrolítico con el fin de poder conectarle los diferentes circuitos del inducido.

Las delgas se aíslan del eje y entre sí por hojas de mica.

La corriente se recoge por medio de las **escobillas**, que son dos o varios contactos deslizantes de grafito o de carbón puro.

La fuerza electromotriz es directamente proporcional al flujo inductor y al número de revoluciones de la dinamo.

$$\mathbf{E = K \times N \times \Phi}$$

Fíjate en las partes de la dinamo:

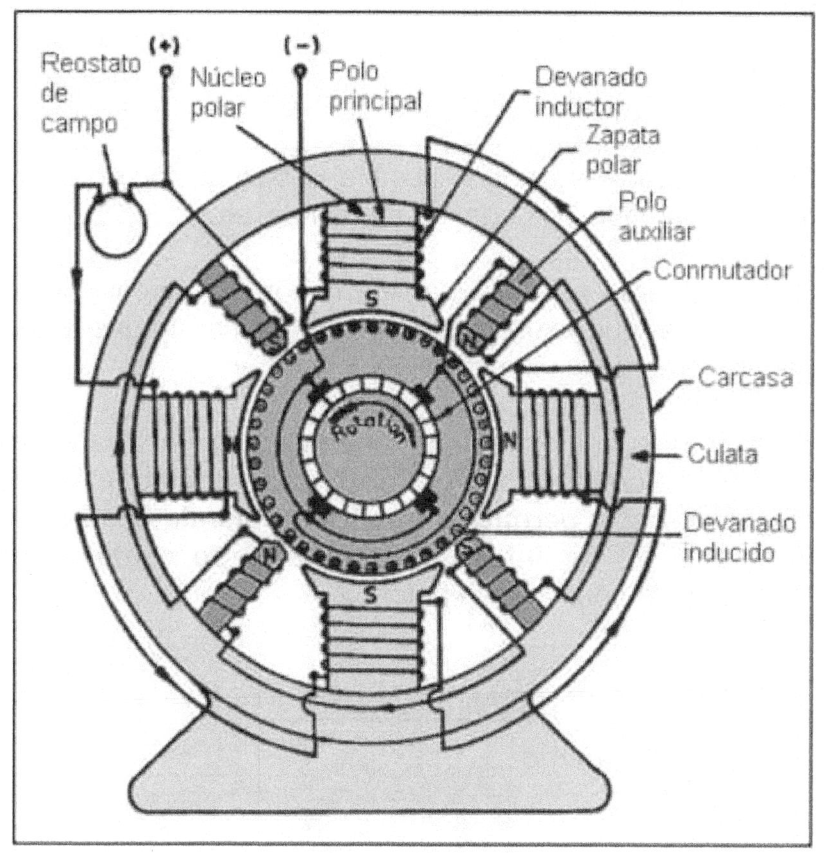

Fuente: Wikimedia Commons.
Autor: Edinoruqi

Al igual que el alternador es igual que el motor trifásico, pero usado para generar corriente en lugar de producir giro, **la dinamos es igual que los motores de corriente contínua**.

Como vimos anteriormente podemos conectarla en serie, paralelo, etc.

EL TRANSFORMADOR

Hace algo más de un siglo que se inventó el Transformador.

Este dispositivo ha hecho posible la distribución de energía eléctrica a todos los hogares, industrias, etc.

Si no fuera por el transformador los consumidores tendríamos que estar mucho más cerca de las plantas generadoras de electricidad.

Se denomina transformador a una máquina eléctrica estática y reversible que funciona por electromagnetismo (eléctrico y magnético) que **permite aumentar o disminuir el voltaje (tensión) y/o la intensidad de una corriente alterna** manteniendo constante la potencia.

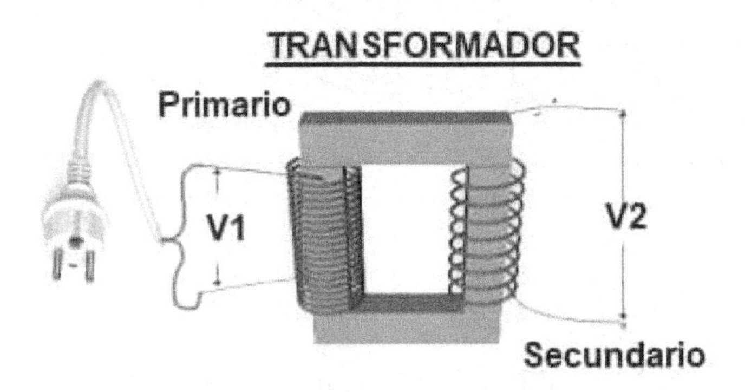

V1 diferente a V2

Conectamos el llamado Primario (entrada) a una Tensión (V1), y aparecerá en el secundario (salida) otra diferente

(V2), pero manteniendo la potencia constante en la entrada y la salida.

Recuerda: Potencia = Tensión x Intensidad = V x I

Potencia en el Primario = Potencia en el Secundario

$$V1 \times I1 = V2 \times I2$$

TRANSFORMADOR MONOFÁSICO

En su forma más simple, un transformador está **formado por dos bobinas de conductores** con espiras enrolladas

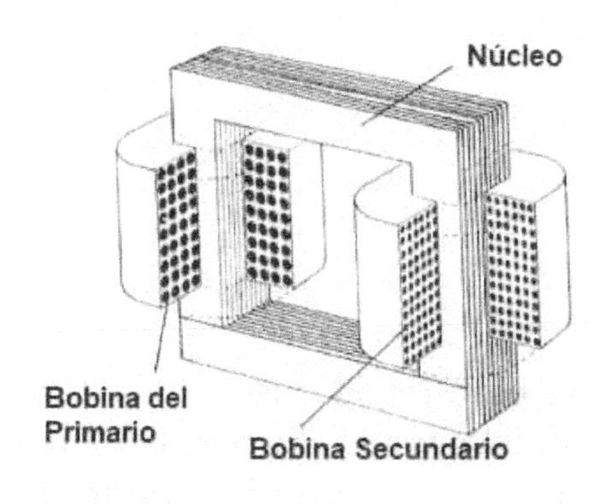

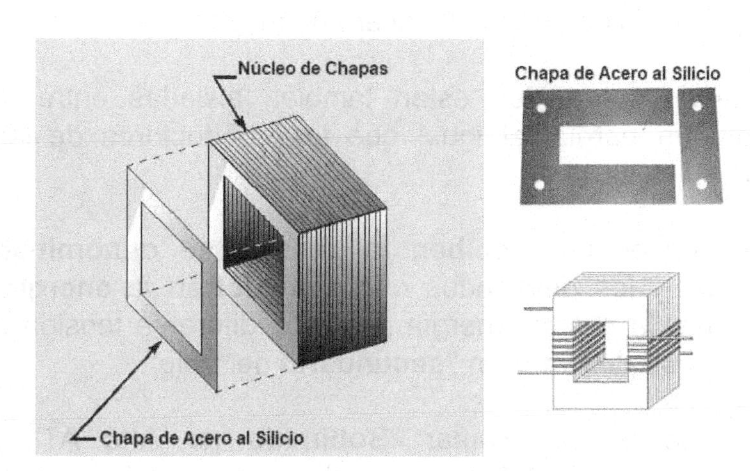

(devanado) **sobre un núcleo formado por chapas finas de acero al silicio** (núcleo magnético).

Recuerda Bobinas del Trafo = Devanados

BOBINAS (DEVANADO) DEL TRANSFORMADOR

Bobinas de Hilo de Cobre con aislante de barniz

Tiene <u>**2 circuitos eléctricos**</u> que son las 2 bobinas de cable conductores con aislamiento, llamados **Primario** (entrada) y **Secundario** (salida) **y 1 circuito magnético** que será el Núcleo del trafo de chapas de acero de muy bajo espesor.

Las chapas del núcleo están también aisladas entre sí mediante un barniz, al igual que los conductores de las bobinas.

Los devanados que **reciben la energía se denominan "primario"** y los devanados que **suministran la energía**, lógicamente la misma energía pero con diferente tensión e intensidad, **se denominan "secundario** del trafo".

También se pueden llamar "**Bobinado de Alta AT**" y "**Bobinado de Baja BT**", ya sea el que tiene más tensión para el de alta y el que tiene menos para el de baja.

Podemos considerar el secundario como el receptor.

Tipos de Transformadores

Ya que pueden aumentar o reducir la tensión, una de las primeras clasificaciones para distinguir los tipos de trafos es:

- **Reductores**: reducen el voltaje de la entrada a la salida.

- **Elevadores**: aumentan el voltaje de la entrada a la salida.

- **De Aislamiento**: los transformadores de aislamiento mantienen constante el voltaje y su función suele ser como elemento de seguridad o protección.

También cabe mencionar que hay algunos más sofisticados capaces de variar la tensión de salida, aun manteniendo estable la tensión de entrada.

Por eso mismo, son llamados **transformadores variables**.

Pero normalmente los transformadores, ya sean trifásicos o monofásicos, se clasifican en función de sus devanados y de sus núcleos magnéticos.

El núcleo, que es el circuito magnético del trafo, son chapas de acero de muy bajo espesor.

Según el núcleo los trafos pueden ser a 2 columnas o a 3 columnas.

Estos últimos también se llaman **Acorazados = 3 columnas**.

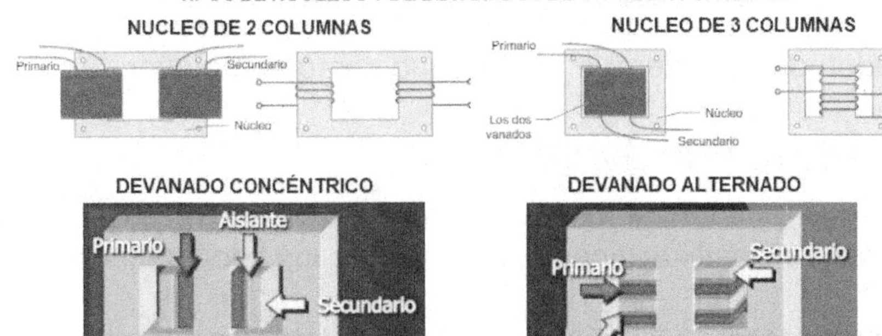

En función de cómo se colocan (enrollan) las bobinas o devanados los tenemos concéntricos o alternados.

Otra clasificación podría ser por el tipo de refrigeración de las bobinas: enfriamiento por aire, aceite, ventilación forzada o agua.

Incluso por la tensión utilizada: de Baja, De Media y de Alta Tensión.

Y por supuesto pueden ser monofásicos o trifásicos.

¡Ojo! **NO hay transformadores de corriente continua**, solo hay de corriente alterna, por eso nunca se transporta electricidad en corriente continua.

Funcionamiento

Repasemos brevemente su funcionamiento, que ya vimos anteriormente.

Al conectar el primario a una tensión **V1**, se produce una corriente por la bobina del primario que **genera un flujo magnético variable** alrededor de las espiras (Oersted).
El flujo es variable (alterno y senoidal) porque la corriente que lo genera es corriente alterna, es decir alterna y senoidal

también (variable).

TRANSFORMADOR ELÉCTRICO

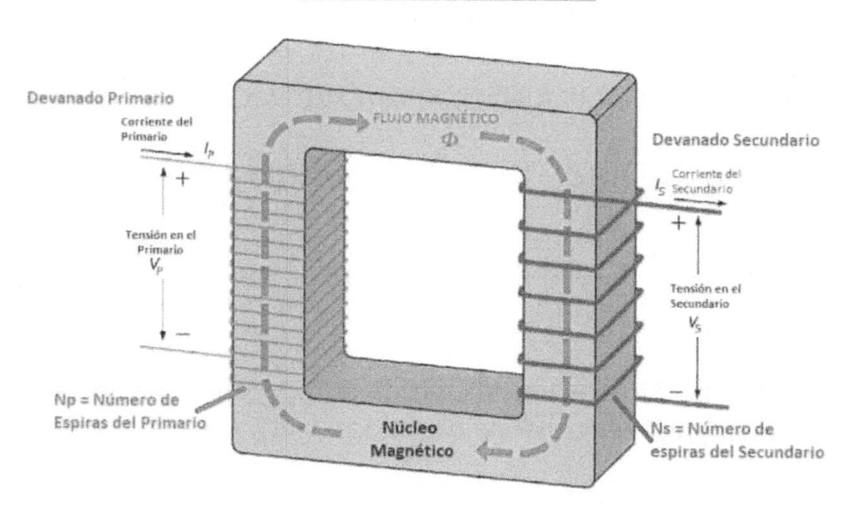

Este flujo magnético viaja por las chapas del núcleo hasta las bobinas del secundario, que al cortarlas y ser variable produce en sus extremos una fuerza electromotriz E2 (Faraday).

El flujo que se produce en el primario por es proporcional a la tensión aplicada a la bobina y a su número de espiras.

La tensión que se induce en el secundario (E2 = V2) es proporcional al flujo común y al número de espiras del secundario.

Para una V1 constante el flujo será siempre el mismo, por lo que a mayor espiras en el secundario, mayor tensión tendremos de salida, y a menor espiras menor tensión de salida V2.

Pero veamos mucho más detalladamente su funcionamiento paso a paso, partiendo de un transformador ideal, que es más sencillo de entender, para llegar al transformador real y más complicado.

Veamos su diferente funcionamiento en Vacío y en Carga.

Funcionamiento del Transformador Ideal en Vacío

Ideal significa que no se consideran las pérdidas, que luego veremos que las tiene.

Cuando no se consideran pérdidas la potencia del primario es igual a la potencia en el secundario (S1 = S2).

Recuerda la potencia es V x I, entonces si S1 = S2

V1 x I1 = V2 x I2

En vacío significa que no conectamos carga en la salida del secundario, es decir la intensidad por el secundario sería 0; I2 = 0A.

Además la intensidad en el primario será muy pequeña, solo la necesaria para alimentar los bobinados y se llama Io = Intensidad en vacío.

Veamos el funcionamiento del trafo en este caso.

La bobina primaria recibe una tensión alterna V1 y al ser un circuito eléctrico cerrado formado por las espiras de la bobina comenzará a circular una corriente eléctrica **I1** por las espiras del devanado primario.

En vacío ya sabemos que esta corriente se llama **Io** y será variable porque es corriente alterna.

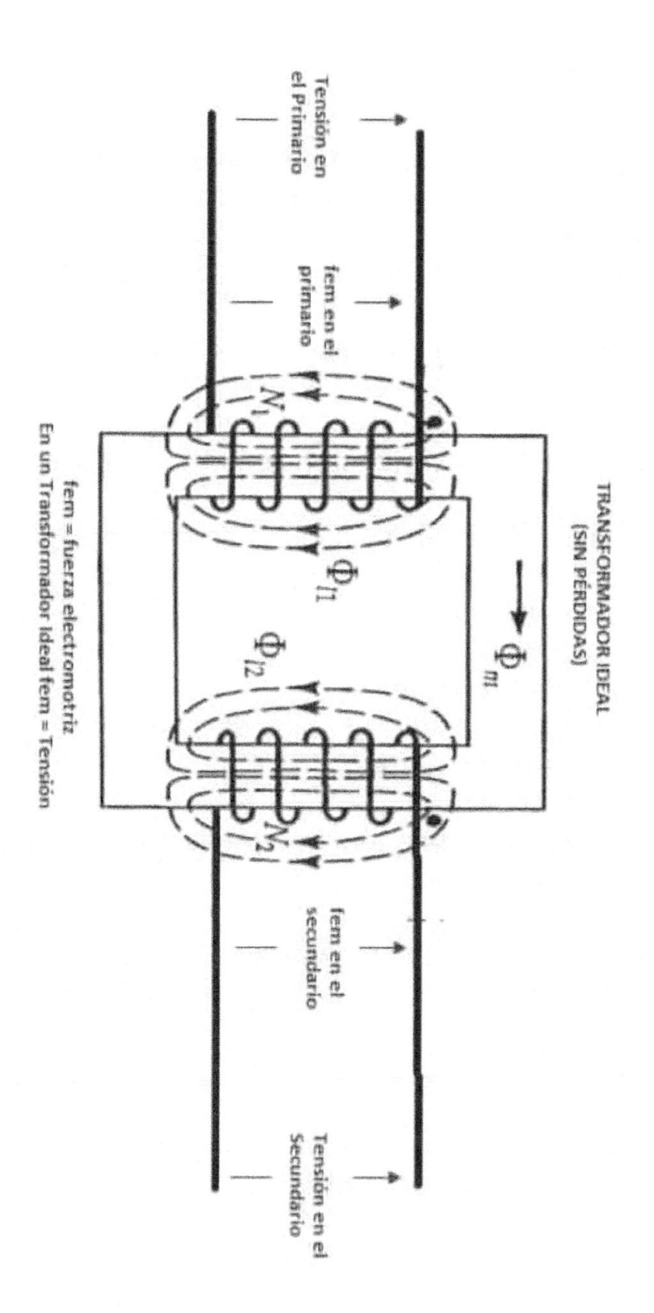

Al circular esta corriente por las espiras del primario, según Oersted, se generará alrededor de ellas un campo magnético variable, que lo expresamos como su flujo magnético variable Φ1.

Ahora según Faraday **se induce una fem en el primario** (fem1 o **E1**) por el flujo alterno generado que corta las bobinas del primario y será de sentido contrario a la causa que lo produce según la ley de lenz, es decir **contraria a V1**.

A partir de ahora la fem la llamaremos siempre con la letra E.

Según Lenz la E1 y la V1 tendrán sentidos contrarios.

El valor de esta fem inducida según Faraday será:

$E1 = 4{,}44 \times f \times N1 \times \Phi 1$

f = frecuencia de la corriente
N = Número de espiras de la bobina del primario
Φ = Flujo del campo magnético.

Cómo no hay pérdidas tendrá el mismo valor que V1, aunque de sentido contrario.

Este flujo del primario recorrerá el circuito magnético (núcleo) atravesándolo hasta llegar al bobinado del secundario.

Es decir **el flujo creado en el primario será común en ambos devanados o bobinados**.

Φcomún o mutuo= Φ1 = Φ2 = **Φm**

Este flujo al ser variable, por que lo produce una corriente alterna (ca), también cortará los conductores del bobinado secundario produciendo una fem inducida (E2) en los extremos de la bobina del secundario.

La fem en el secundario al sacarla fuera del trafo para utilizarla la llamamos tensión en el secundario V2, y en el caso de que el trafo sea ideal, es decir **sin pérdidas; E2 = V2**.

Al estar en vacío no tendremos corriente por el secundario ya que no hay ninguna carga conectada.

El valor de esta fem inducida en el secundaria según Faraday será:

$E2 = 4,44 \times f \times N2 \times \Phi m$

f = frecuencia
N = Número de espiras de la bobina del secundaria
Φm = Flujo mutuo del campo magnético.

A veces a este flujo, cuando el trafo este en vacío, se le llama Φo flujo en vacío.

Resumiendo las dos fem producidas serán:

$E1 = 4,44 \times f \times N1 \times \Phi m$
$E2 = 4,44 \times f \times N2 \times \Phi m$

Si dividimos una entre otra las dos expresiones anteriores:

$E1/E2 = N1/N2$

N1/N2 se conoce cómo **relación de transformación del transformador**, que nos determina la cantidad de veces que es más grande la fem en el primario que en el secundario.

Si **m es mayor de 1 será elevador** de la tensión **y si es menor que 1 reductor**.

Recuerda que en un trafo la tensión de salida depende del número de espiras del secundario para una V1 fija.

En este caso ideal en el que las tensiones son iguales a las E, tenemos también que:

V1/V2 =E1/E2 = N1/N2

El diagrama vectorial en vacío sería:

Transformador en Vacio Vectores

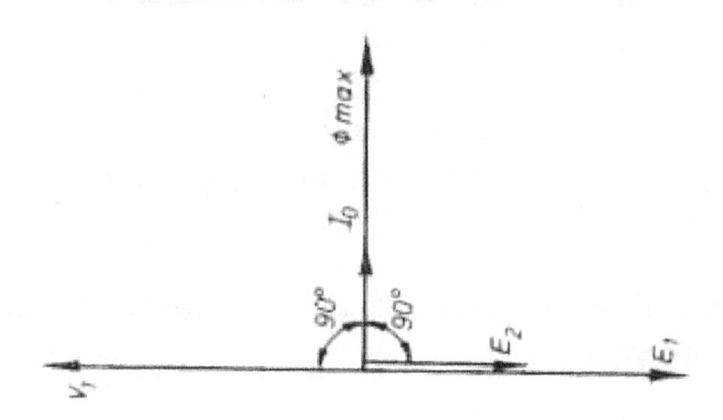

E1 es contraria a lo que lo produce (Lenz), es decir, a V1.

E2 tiene el mismo sentido que E1 ya que también tiene que ser contraria al flujo que la produce y es el mismo flujo que el que produce E1.

E2 = V2 porque no hay pérdidas.

La Io estará retrasada 90º respecto a la tensión V1 porque es una bobina por la que circula.

Si no entiendes los desfases puedes buscar en google "Areatecnologia receptores en corriente alterna"

Veamos un pequeño **ejercicio**:

En la fabricación de un transformador monofásico se han utilizado 1.750 espiras en el primario y 2.500 en el secundario.

El flujo máximo que aparece en el núcleo magnético es de 3 mWb.

Calcular las tensiones en el primario y en el secundario para una frecuencia de 50 Hz, así como la relación de transformación.

Solución:

3 miliweber son = 0,003 Webers (unidad del flujo)

E1 = 4,44 x 50 x 1.750 x 0,003 = 1.165V

E2 = 4,44 x 50 x 2.500 x 0,003 = 1.665V

Lo cual nos indica que es un transformador elevador de tensión, siendo su relación de transformación:

m = N1/ N2 = 1750/2.500 =0,7

Si lo hacemos con las fuerzas electromotrices tendrá que darnos el mismo resultado:

m = E1/E2 = 1.165/1665 = 0,7

Funcionamiento del Transformador Ideal en Carga

Si ahora al transformador anterior le conectamos al secundario una carga Z con un ángulo de desfase φ, la E2 hará que por la bobina del secundario aparezca una corriente I2, desfasada el ángulo φ respecto a E2.

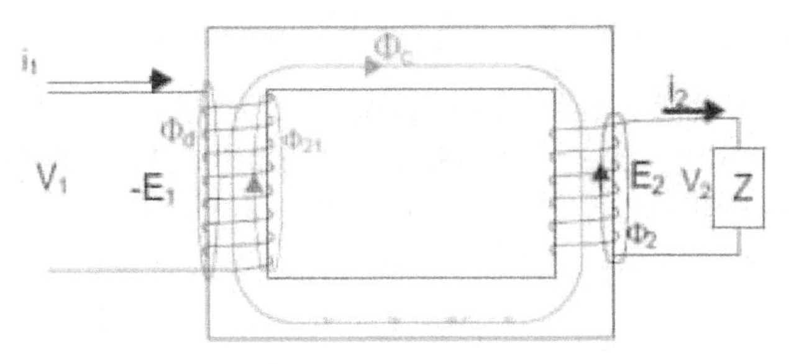

Cuando en el transformador conectamos al secundario una carga, entonces el flujo creado por el primario Φ1 no será el único, ya que circulará una corriente por la carga y por las bobinas del secundario (I2).

Esta corriente I2 creará a su vez un flujo en las bobinas del secundario Φ2, de sentido contrario al que lo creó, es decir en sentido contrario al Φ1.

I1 tendrá sentido contrario a I2, ya que cada I tiene el sentido del flujo que las crea.

El flujo total ahora será Φt = Φ1 – Φ2; que resulta que es **del mismo valor que el Φo**, es decir que el creado cuando el transformador trabaja en vacío.

Demostremos que efectivamente es igual al flujo en vacío.

La fórmula de la $V1 = E1 = 4{,}44 \times f \times N1 \times \Phi m$

Resulta que si despejamos Φm tenemos que:

$\Phi m = E1 / (4{,}44 \times f \times N1)$

Fíjate que la frecuencia es la misma que en vacío, el número de espiras también, luego el valor del Φm solo depende de la tensión en el primario, que será la misma en vacío que en carga, por lo tanto el flujo común es el mismo en los dos casos.

Demostrado.

Pero esto también quiere decir que aunque V1 sea la misma, en el primario tiene que haber una corriente mayor que en vacío (Io) porque lógicamente si que es cierto que el flujo creado en el secundario restará valor al flujo que había cuando el trafo estaba en vacío.

Es decir el $\Phi 1$ no será igual al Φo, ni la Io será igual a la I1, pero el flujo común o mutuo si será el mismo en vacío y en cualquier régimen de carga.

Demostremos ahora que la Io no es igual a la I1 y cual será su valor.

En un transformador los amper-vueltas son una constante en cualquier régimen de carga:

$\sum N \times I = \text{constante}$

En vacío tenemos que:

$N1 \times Io = \text{constante}$

En carga tendremos que:

$N1 \times I1 + N2 \times I2 = constante$

Si igualamos las 2 expresiones tenemos:

$N1 \times I1 + N2 \times I2 = N1 \times Io$

Despejemos I1:

$N1 \times I1 + = N1 \times Io - N2 \times I2$

$I1 = (N1 \times Io - N2 \times I2) / N1 = (N1 \times Io)/N1 - (N2 \times I2) / N1 = Io - 1/m \times I2;$

Conclusión que la I1 en carga será:

$$\mathbf{I1 = Io - I2'}$$

Recuerda esta fórmula que la usaremos más adelante.

Siendo **I2´** (I2 prima)= I2/m; que luego veremos que se corresponde con la corriente del secundario reducida al primario, pero ahora eso no nos importa.

Lo que sí hemos demostrado es que **la I1 ya no es igual a la Io, aunque el flujo siga siendo el mismo en ambos devanados**.

Con el trafo en carga, la potencia aparente del primario y del secundario es la misma, ya que no se consideran las pérdidas, entonces:

$V1 \times I1 = V2 \times I2$; despejando las I para un lado y las V para el otro, tenemos la relación de transformación:

$$\mathbf{V1/V2 = I2/I1 = m}$$

Luego la relación de transformación también la podemos expresar en función de las intensidades en el primario y en el secundario.

Recuerda: OJO las intensidades se dividen al revés, arriba la 2 y abajo la 1.

Recuerda que también E1/E2 = N1/N2, ya que seguimos teniendo el mismo flujo, el de vacío, luego esto también se cumple en carga.

Además por ser ideal sin pérdidas E2 = V2.

Para conocer la corriente en el secundario cuando tengo la corriente Ip (corriente en el primario), Np (espiras en el primario) y Ns (espiras en el secundario) se utiliza siguiente fórmula:

Is/Ip = Np / Ns

Si despejamos de la fórmula la Is, tenemos que:

Is = (Np x Ip) / Ns

Nota: cambiamos la forma de nombrar las corrientes I1 por Is y la I2 por Is, pero es lo mismo, simplemente para que veas que hay otras formas de nombrarlas.

Las potencias aparentes, activas y reactivas absorbidas por el primario son iguales que las suministradas por el secundario:

Igualdad de las Potencias Aparentes S1 = S2, o lo que es lo mismo:

V1 x I1 = V2 x I2

Igualdad de las Potencias Activas P1 = P2, o lo que es lo mismo:

V1 x I1 x cos φ1 = V2 x I2 x cos φ2

Igualdad de las Potencias Reactivas Q1 = Q2, o lo que es lo mismo:

V1 x I1 x sen φ1 = V2 x I2 x sen φ2

El diagrama vectorial en este caso será:

Transformador Ideal en Carga Vectores

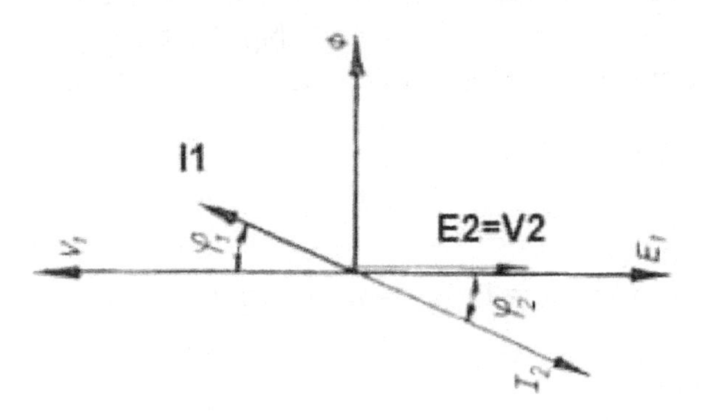

I1 de sentido contrario a I2

E2 = V2 y del mismo sentido.

Veamos **un ejercicio**:

Un transformador reductor de 230/110 V proporciona energía a una motobomba de 6 kW, 110 V, cos φ 0,8.

Suponiendo la corriente de vacío y las pérdidas despreciables, determinar la intensidad por el primario y por el secundario, así como la relación de transformación del transformador.

¿Cuál es la potencia aparente que suministra el transformador?

Solución: Calculamos primero la corriente por el secundario:

$P2 = V2 \times I2 \times \cos \varphi$; despejando I2 tenemos:

$I2 = P2 / (V2 \times \cos \varphi) = 6.000 / (110 \times 0,8) = 68,18A$

La relación de transformación es:

$V1/V2 = I2/I1$; despejando I1 tenemos:

$I1 =(I2 \times V2) /V1 = (68,18 \times 110) /230 = 32,6A$

La relación de transformación es: $V1/V2 = 230/110 = 2,09$

La potencia aparente que suministra el transformador es:

$S = V2 \times I2 = 110 \times 68,18 = 7.499,8VA$

que será igual que la del primario por ser ideal:

$S = V1 \times I1 = 230 \times 32,6 = 7.499 VA$

Pérdidas en los Transformadores

El transformador real no es un transformador ideal ya que tiene pérdidas.

Antes de entrar al estudio del trafo real es importante entender las pérdidas que tienen.

Al ser el transformador una máquina estática, su nivel de

pérdidas es muy bajo, aun así es importante contabilizarlas e intentar minimizarlas.

Tenemos **3 tipos de pérdidas**:

- **Pérdidas por el Flujo Disperso**: El flujo no es común a lo largo del circuito magnético, debido a la **existencia de flujos dispersos tanto en el primario y en el secundario**, debidos a las corrientes primarias y secundarias, respectivamente.

FLUJO DISPERSO EN UN TRANSFORMADOR

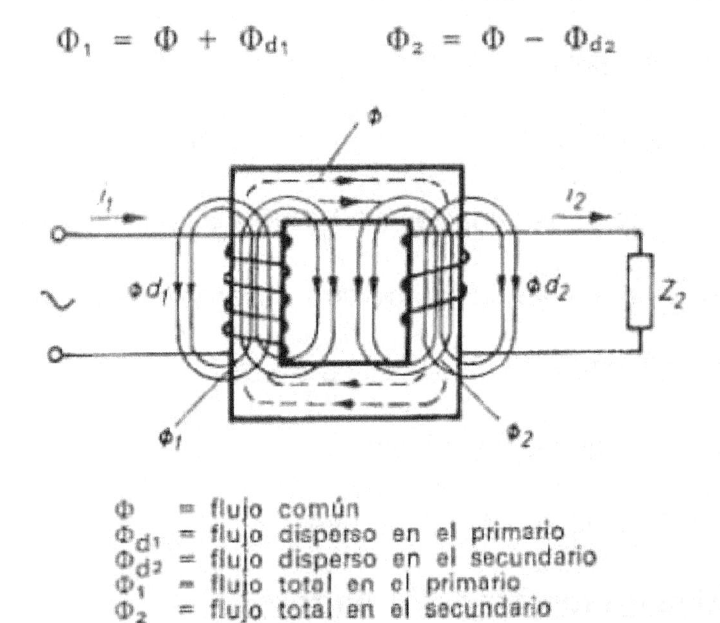

- **Pérdidas en el Cobre (Pcu)** = Pérdidas por efecto Joule en las bobinas, es decir por calentamiento de los cables de los devanados.

Los devanados o **bobinas tienen una resistencia** que ocasiona pérdidas, llamadas pérdidas en el Cobre (Pcu).

Las pérdidas en el cobre dependen del régimen de carga en que funcione el transformador y su valor será:

Pcu= I1 x R1 + I2 x R2

Donde R1 y R2 es la resistencia del bobinado primario y secundario

Fíjate a mayor I (carga) mayores serán estas pérdidas.

Dicho clasificamos las pérdidas en 2 grupos:

– **Pérdidas en el Hierro (Pfe)** = Pérdidas en el circuito magnético o pérdidas en el hierro del núcleo.

El núcleo del transformador está formado por un apilado de chapas magnéticas, que motivan unas **pérdidas en el hierro**.

De este tipo tenemos **2 diferentes, por Foucault y por Histéresis**.

Pérdidas por Corrientes de Foucault: El campo magnético variable que se crea y que recorrerá las chapas, al cortar las propias chapas crea una corrientes por las chapas llamadas corrientes de Foucault o parásitas y que **produce un calentamiento en las chapas** y por lo tanto pérdidas por efecto joule (para saber más sobre estas corrientes visita el enlace anterior).

Para minimizar las pérdidas por corrientes de Foucault el bloque magnético del trafo se hace en forma de chapas delgadas, en lugar de ser un bloque entero.

Los transformadores pequeños se hacen de sección cuadrada (figura a de abajo) pero, a medida que aumenta la potencia conviene hacer el núcleo del tipo de sección "cruciforme", lo más parecido a una circunferencia para minimizar estas pérdidas (figu b).

En transformadores mayores, la sección cruciforme, se ejecuta con adecuados canales de refrigeración como se observa en la figura c

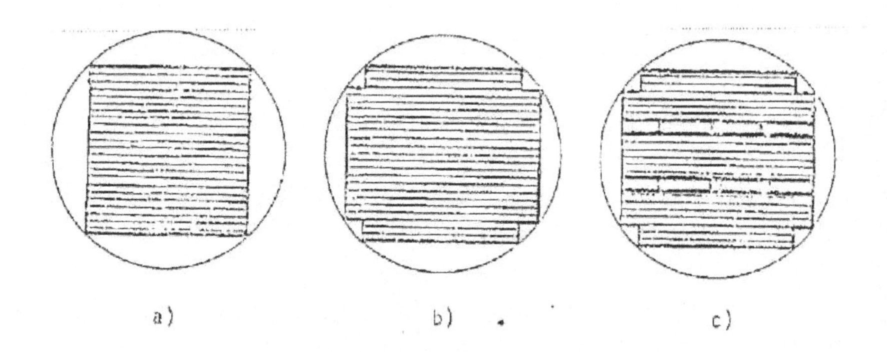

Pérdidas por Histéresis: La corriente en los devanados del transformador es alterna, por lo que se invierte continuamente su polaridad, modificando con la misma constancia el sentido de dicho campo.

Es en este punto en el que las moléculas del material que conforman el núcleo tienen que invertir de la misma forma su sentido de la orientación, esto requiere energía de la que es tomada de la fuente que abastece la alimentación y esto representa una pérdida de potencia, llamada histéresis.

Las pérdidas en el hierro son las mismas para cualquier régimen de carga en el transformador, ya que se considera que el flujo magnético no varía, y coinciden con la potencia medida en el ensayo en vacío del transformador.

Transformador Real

Para el estudio del transformador real tenemos que tener en cuenta todas las pérdidas estudiadas anteriormente.

Para simplificar los cálculos, normalmente **se utiliza un circuito equivalente del transformador.**

Este circuito equivalente debe reproducir con bastante aproximación los mismos efectos que el real y que permita a su vez determinar las relaciones fundamentales como las tensiones, las intensidades, etc.

Circuito Equivalente del Transformador

Para hacer el circuito equivalente de un transformador real, primero representamos las pérdidas motivadas por el flujo disperso mediante unas bobinas puras.

La presencia de estas bobinas ficticias (en serie con el primario y con el secundario), darán lugar a las que llamaremos **reactancias de dispersión Xd1 y Xd2**, siempre que circule corriente por los devanados del transformador.

TRANSFORMADOR REAL BOBINAS PÉRDIDAS POR EL FLUJO DISPERSO

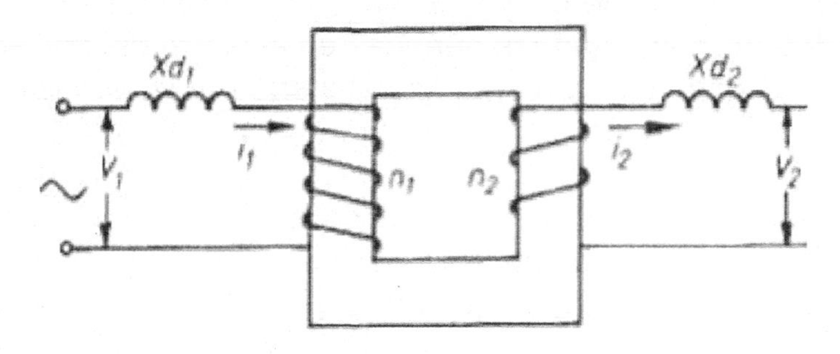

Para representar las pérdidas en el cobre, lo hacemos mediante unas resistencias en serie con las bobinas (ver esquema de más abajo).

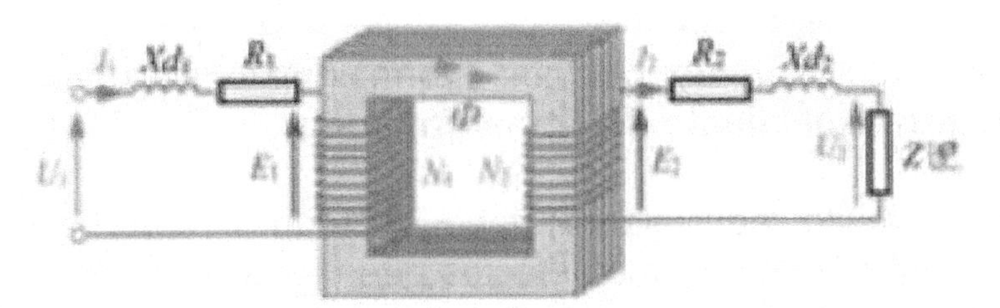

Figura 18.12. **Circuito equivalente de un transformador real.**

R_1 = Resistencia del primario.
R_2 = Resistencia del secundario.
X_{d1} = Reactancia de dispersión del primario.
X_{d2} = Reactancia de dispersión del secundario.

Las R1, R2 y las Xd1 y Xd2 las sacamos fuera de la bobina para seguir suponiendo que las bobinas sigan siendo ideales.

Este circuito equivalente ya es bastante aproximado a la realidad, pero nos faltan las pérdidas en el hierro del núcleo, que aunque sean muy pequeñas deberíamos tenerlas en cuenta.

Si el trafo está en vacío la intensidad no estará desfasada 90º, como sería si fuera ideal, es decir una bobina pura en el devanado como vimos anteriormente.

Ese desfase llamado φo provoca que la Io (la intensidad en vacío) tiene 2 componentes:

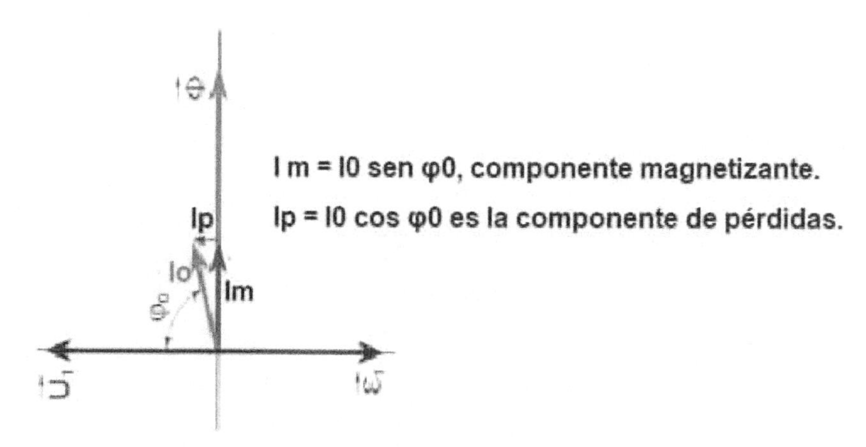

TRANSFORMADOR EN VACIO REAL

De estas 2 componentes solo la Im es la magnetizante, la útil, la otra Ip, son las que provocan las pérdidas en el hierro que son las que no faltaban.

Luego las pérdidas en el hierro nos la da el desfase de la intensidad en el primario en vacío.

Para representar el núcleo en nuestro transformador equivalente lo hacemos mediante una rama en paralelo con estas 2 intensidades.

Viendo todo lo explicado podemos **representar un transformador real** mediante el siguiente esquema o circuito equivalente, que vemos en la página siguiente.:

CIRCUITO EQUIVALENTE DEL TRANSFORMADOR

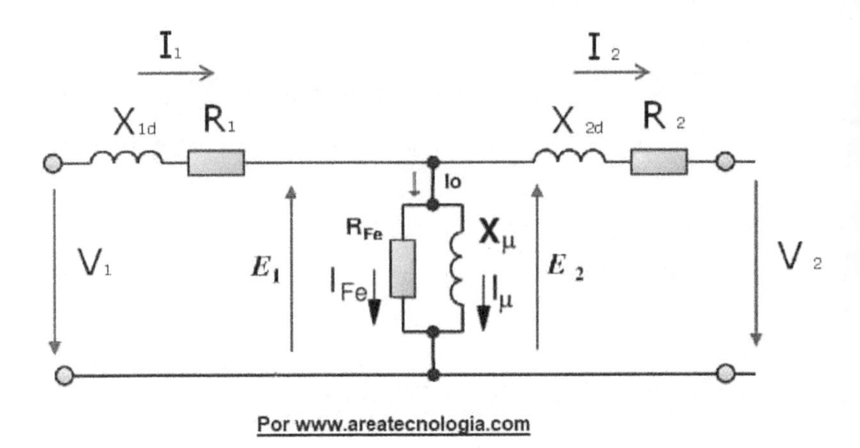

Fíjate que mediante Rfe representamos las pérdidas en el hierro por efecto Joule y por una reactancia Xμ por la que se deriva la corriente de magnetización del Trafo.

Para los cálculos tenemos tanto las R como las Xd en serie con las bobinas, tanto del primario como del secundario.

El **transformador real en vacío** tendría el siguiente diagrama vectorial:

TRANSFORMADOR REAL EN VACIO VECTORES

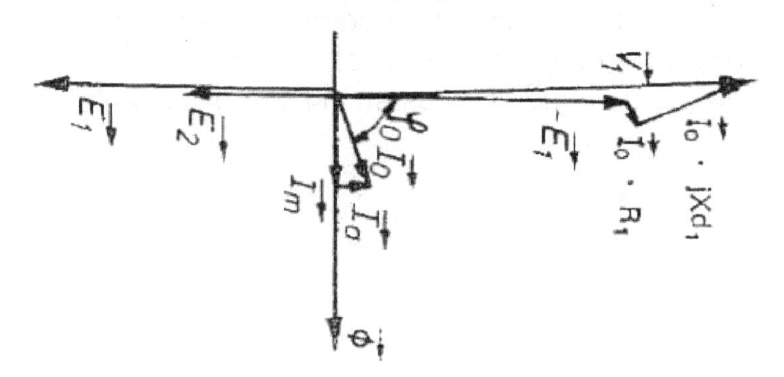

La suma vectorial de menos E1 más la caída de tensión por R (R1 x Io) más la caída de tensión por dispersión (Xd x Io), sería igual a la V1.

$$\vec{V_1} - \vec{I_0} \cdot R_1 - \vec{I_0} \cdot X_{1d} = \vec{\varepsilon_1}$$

$$V_1 - I_o \cdot R_1 \cdot \cos\varphi_1 - I_0 \cdot X_{1d} sen\varphi_1 = \varepsilon_1$$

La fórmula de abajo será la escalar.

Y aquí ya tenemos en cuenta las pérdidas.

Para **el Transformador real en carga** habrá que tener en cuenta las impedancias y resistencias en el secundario, con la dirección de la corriente en el secundario (I2).

El diagrama vectorial del transformador real en carga quedaría:

TRANSFORMADOR REAL EN CARGA VECTORES

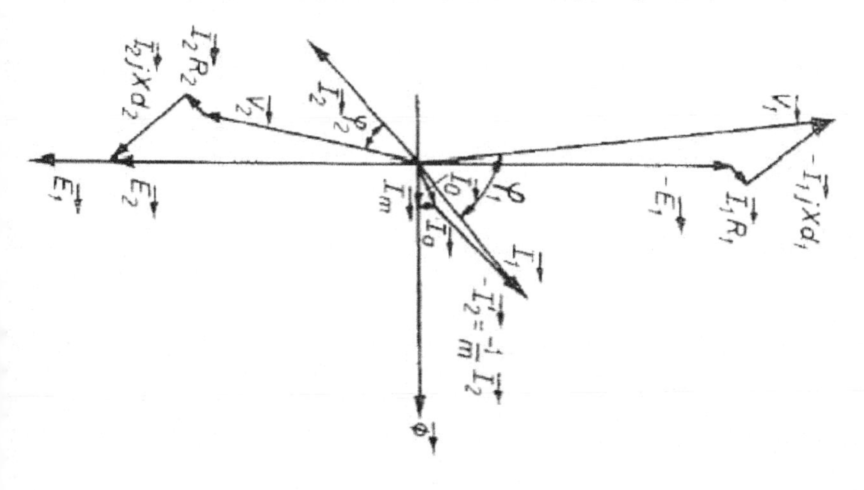

$V1 = E1 + I1\ R1 \cos \varphi 1 + I1Xd1 \operatorname{sen} \varphi 1$

$V2 = E2 - I2\ R2 \cos \varphi 2 - I2Xd2 \operatorname{sen} \varphi 2$

Fíjate que la I1 tiene dos componentes como estudiamos anteriormente, lo menos I2´, que vale I2/m, donde m es la relación de transformación.

Recuerda : **I1 = Io - I2´**

- I2´ tiene sentido contrario a I2.

En la siguiente página te dejamos otro diagrama en el que igual se ve mejor:

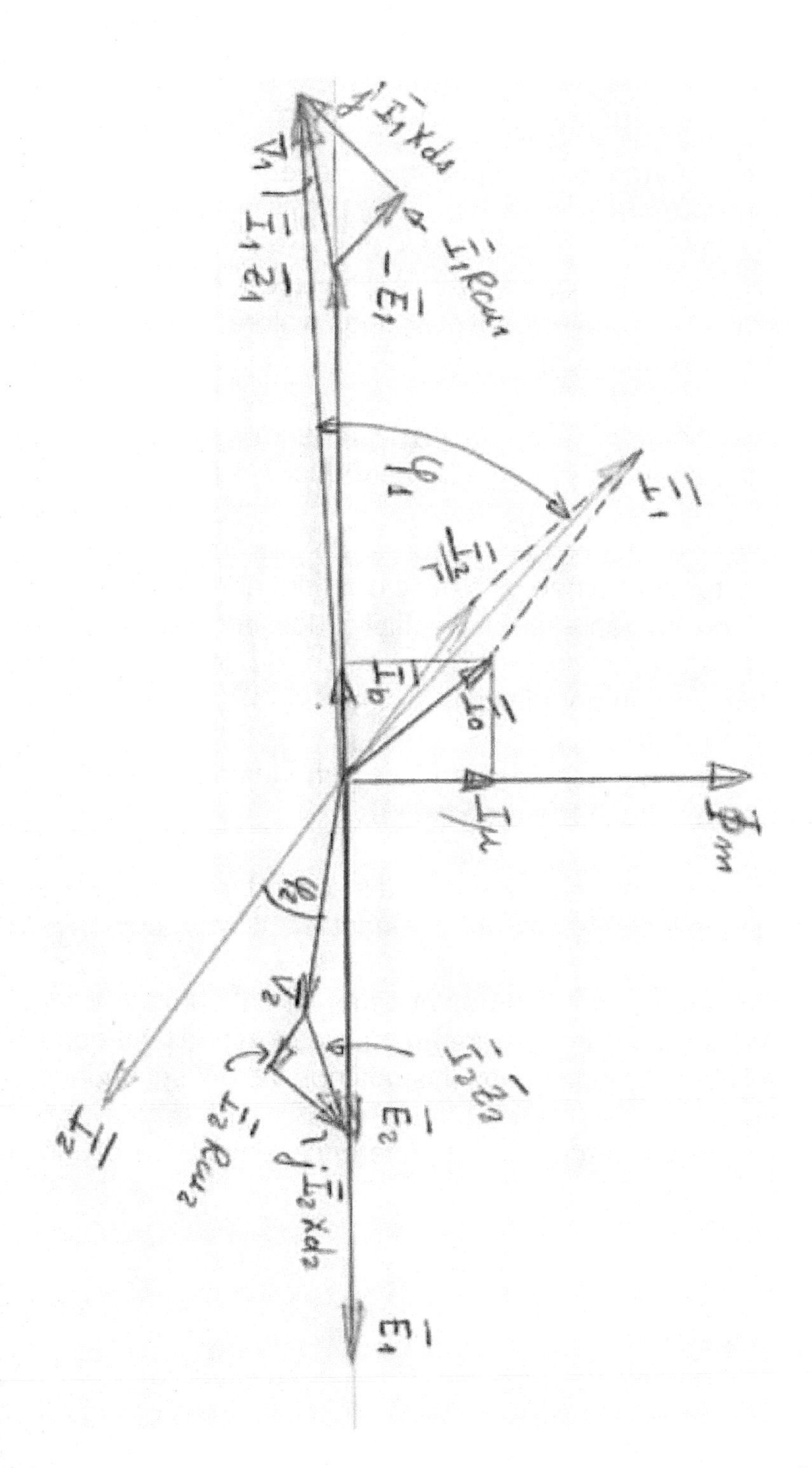

Reducción del Secundario al Primario

Los transformadores pueden tener relaciones de transformación muy grandes.

Esto supone un problema a la hora de representar los diagramas vectoriales, ya que unos valores serán mucho más grandes que otros.

Para solucionarlo se recurre a la reducción del primario al secundario (para el caso de trafos reductores).

Consiste en dejar los vectores de las magnitudes del primario tal cual están y los vectores de las magnitudes del secundario se representan multiplicados por la relación de transformación, m o Rt, en el caso de las tensiones y divididas entre m para las intensidades.

Esto supone que los 2 devanados son iguales, es decir que tienen el mismo número de espiras.

De esta manera los vectores del secundario pasan a ser iguales que los del primario en módulo.

Además supone que las dos bobinas, la del primario y la del secundario tendrían el mismo número de espiras, ya que los valores del primario son los mismos que los del secundario.

Estos nuevos vectores los diferenciaremos marcándose como primos.

E2´ = E1 x m

V2´ = V2 x m

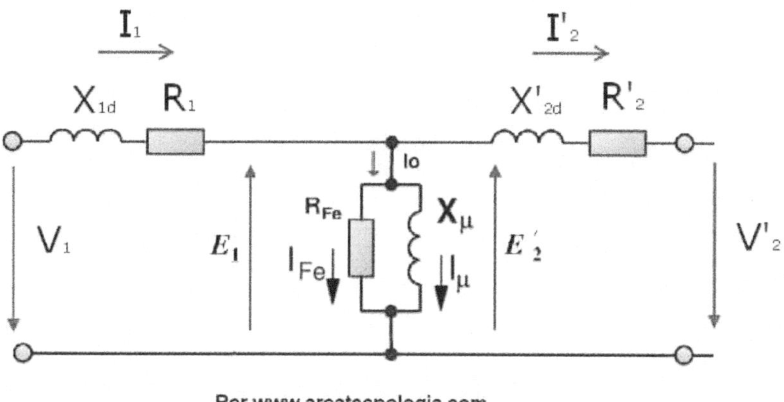

Como las intensidades en el caso de un trafo reductor serían muy grandes los valores de intensidades del secundario reducidas al primario serían:

I2´= I2/m

Recordar que I1 = Io - I2´; luego también I2´ puede ser = Io - I1

Y la impedancia de la carga del primario reducida al primario será:

Zc´ = V2´/I2´= (V2 x m) / (I2/m) = V2/I2 x m^2 = **Zc x m^2**

Esto mismo podemos hacerlo con los valores de R2 y Xd2 del secundario, si queremos reducirlos al primario.

R2´= R2 x m^2

Xd2´ = Xd2 x m^2

Las caídas de las tensiones en el secundario reducidas al primario serían:

VR2´ = VR2 x x m

VXd2´ = VXd2 x m

Lógicamente para calcular los valores reales del secundaria debemos hacer lo contrario.

V2 será V2´/m

I2 será = I2´ x m

Y así ir deshaciendo todos los valores con reducción.

Circuitos Equivalentes Simplificados

Hay unos circuitos equivalentes cuyos resultados no son exactos pero muy parecidos a la realidad, por contra son más sencillos de resolver.

Se llaman circuitos equivalentes simplificados y aquí te dejamos los 2 más utilizados.

En el segundo se prescinde de las pérdidas en el hierro que suelen ser muy pequeñas.

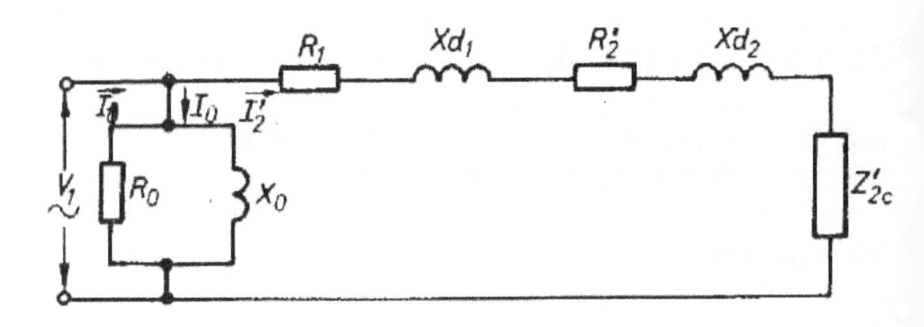

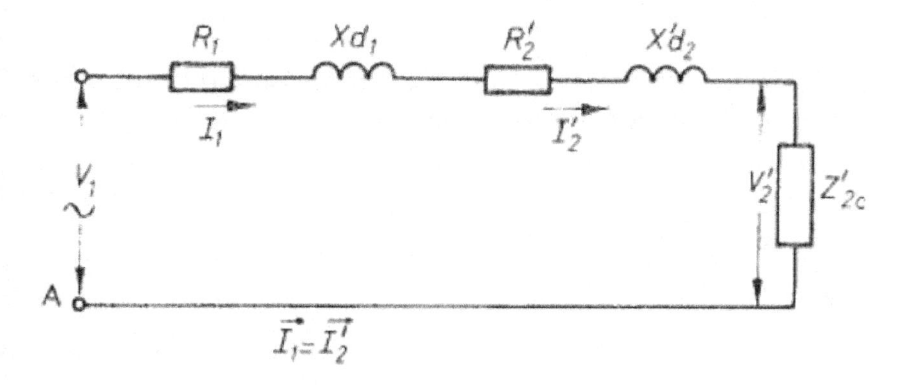

El Diagram Vectorial quedaría:

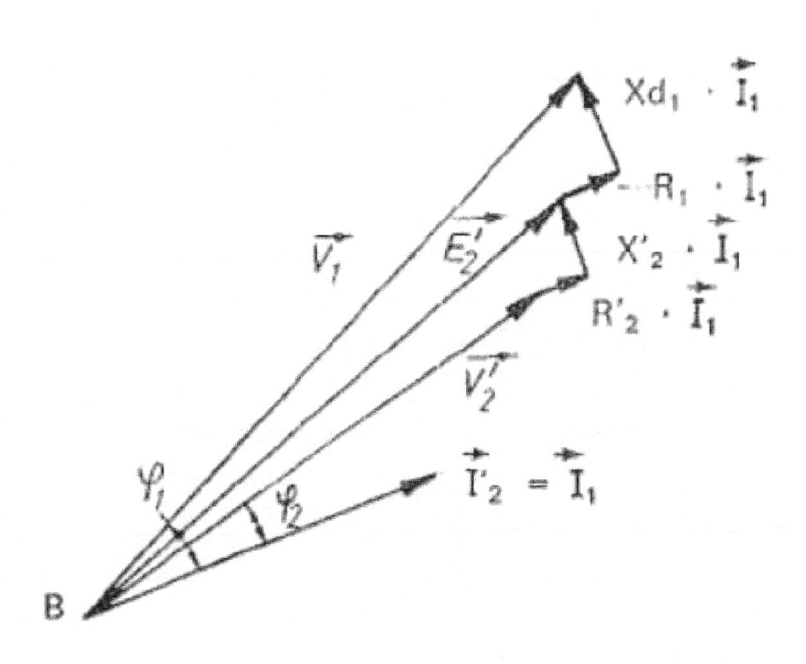

Circuito Equivalente en Cortocircuito

En el ensayo en cortocircuito, que luego veremos, se cortocircuita el secundario y se hace pasar por el primario la intensidad nominal (In1).

El circuito equivalente de un transformador real en <u>cortocircuito</u> sería como el siguiente:

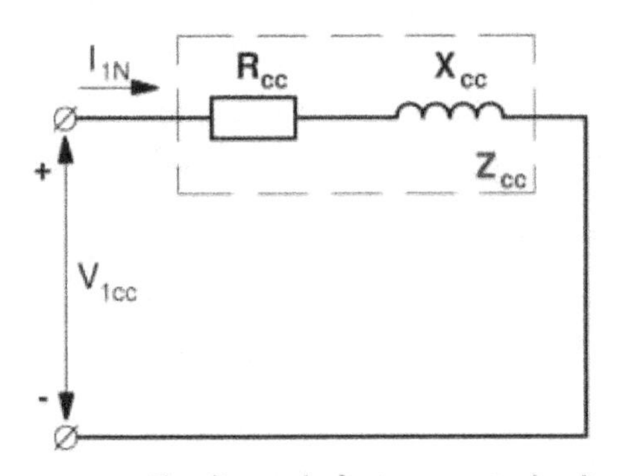

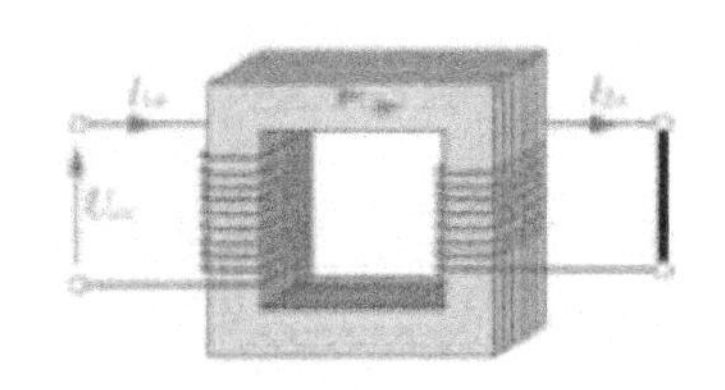

Circuito equivalente en cortocircuito del transformador.

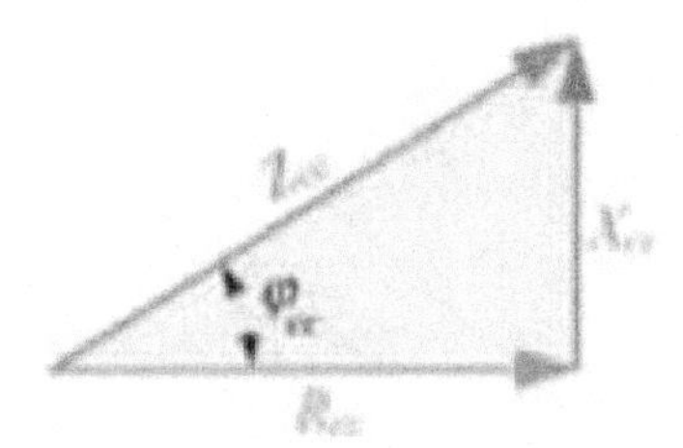

Triángulo de impedancias de cortocircuito.

$$Z_{cc} = \sqrt{R_{cc}^2 + X_{cc}^2}$$
$$U_{cc} = Z_{cc} I_{1n}$$

Desde el primario se observará que existe una impedancia que consta de una resistencia de cortocircuito Rcc en serie con una reactancia de cortocircuito Xcc, cumpliendo las fórmulas anteriores.

Además Rcc suma los efectos de la resistencias del primario

y del secundario y la Xcc da el valor de la reactancia total en el primario y en el secundario.

Mediante el triángulo de impedancias podemos obtener:

$Rcc = Zcc \times \cos \varphi cc$
$Xcc = Zcc \times \text{seno } \varphi cc$

La fórmula de la Potencia en cortocircuito es:

$Pcc = Vcc \times I1n \times \cos \varphi cc$

Pero esta Pcc la podemos obtener con la lectura del vatímetro en el ensayo y podemos despejar cos φcc;

$\cos \varphi cc = Pcc / (Vcc \times I1n)$

También del ensayo directamente del voltímetro y del amperímetro en el ensayo en cortocircuito.

$Zcc = Vcc / I1n$

Pero con este ensayo hay un dato muy importante que sacamos a parte de las Pcu, que es la Tensión de Cortocircuito del Transformador.

La Tensión de cortocircuito Vcc es la tensión que hay que aplicar al bobinado primario para que, estando en cortocircuito el devanado secundario, circule por cada uno de ellos su intensidad nominal.

¿Por qué es tan importante?

Porque para acoplar transformadores en paralelo, una de las condiciones que deben cumplirse es tener los dos trafos igual tensión de cortocircuito en %.

La Vcc o Ucc se expresa en % de la tensión nominal del primario y su valor se indica en la placa de características del transformador.

Vcc% = Vcc / V1 x 100

Podemos obtener el triángulo de tensión del transformador en cortocircuito simplemente multiplicando a cada vector del triángulo de impedancias en cortocircuito por la I1n.

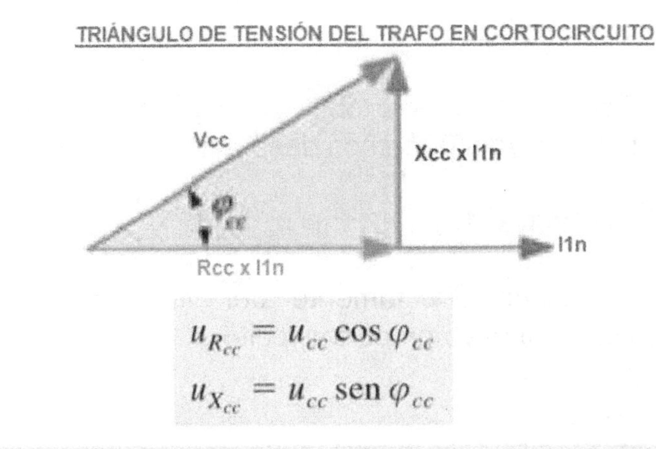

$$u_{R_{cc}} = u_{cc} \cos \varphi_{cc}$$

$$u_{X_{cc}} = u_{cc} \operatorname{sen} \varphi_{cc}$$

$$u_{cc} = \frac{U_{cc}}{U_1} \cdot 100; \quad u_{R_{cc}} = \frac{R_{cc} I_{1n}}{U_1} \cdot 100; \quad u_{X_{cc}} = \frac{X_{cc} I_{1n}}{U_1} \cdot 100$$

Un Ejercicio:

Tenemos un transformador monofásico de 250 kVA, tensiones 24.000/420 V.

Cuando se le realiza el ensayo en cortocircuito es necesario aplicar al lado de alta tensión una tensión de 960V para que por el primario circule la corriente nominal.

Además la potencia absorbida en el ensayo en cortocircuito es de 4.010 W.

a) Calcular las corrientes nominales del primario y del secundario

b) Calcular las pérdidas en el cobre para la potencia nominal
c) Calcular la tensión de cortocircuito y sus componentes
d) Calcular los parámetros Rcc, Xcc y Zcc
e) Calcular las pérdidas en el cobre cuando el transformador trabaje a la mitad de la carga.

Solución:

250 KVA = 250.000 VA

a) Primero calculamos las corrientes nominales de ambos devanados:

I1n = Sn / V1n = 250.000/24.000 = 10,4A

I2n = Sn / V2n = 250.000/420 = 595A

b) Sabemos que las pérdidas en el cobre a la potencia nominal coinciden con la potencia de cortocircuito medida en el ensayo:

Pcu = Pcc = 4.010w

c) La tensión porcentual de cortocircuito la determinamos a partir de Ucc:

Ucc% = Vcc/ V1n x 100 = (960 /24.000) x 100 = 4%

Ahora podemos calcular las caídas de tensión uRcc y uXcc a partir del triángulo de tensiones de cortocircuito:

$URcc = Ucc \times \cos \varphi cc$

$UXcc = Ucc \times \text{sen } \varphi cc$

Necesitamos calcular el ángulo cc mediante la Pcc:

$\cos \varphi cc = Pcc / (Vcc \times I1n) = 4010 / (960 \times 10,4) = 0,4$ lo que implica que el ángulo cc es:

$\varphi cc = 66,3°$

Ahora si podemos calcular:

$URcc = Ucc \times \cos \varphi cc = 4 \times 0,4 = 1,5\%$

$UXcc = Ucc \times \text{sen } \varphi cc = 4 \times 0,9 = 3,6\%$

d) Ahora Calculamos la impedancia de cortocircuito y sus componentes:

$Zcc = Vcc / I1n = 960 /10,4 = 92,3$

$Rcc = Zcc \times \cos \varphi cc = 92,3 \times 0,4 = 36,9\ \Omega$

$Xcc = Zcc \times \text{sen } \varphi cc = 92,3 \times 0,9 = 83,07\ \Omega$

c) Cuando el transformador trabaja a mitad de la potencia nominal, la intensidad también se reduce a la mitad y la intensidad en estas condiciones será:

$I1 = I1n/2 = 10,4/2 = 5,2A$

Las pérdidas en el cobre para este caso será:

$Pcc = Rcc \times I12 = 36,9 \times 5,22 = 998w$

OJO también podemos obtener valores de cortocircuito del

circuito equivalente del transformador visto anteriormente.

Recordemos como era el circuito equivalente:

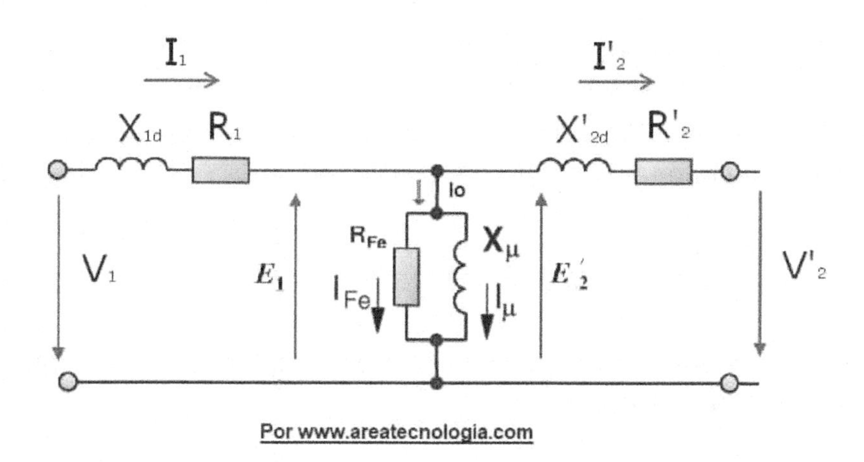

Si ponemos en cortocircuito el secundario, y hacemos pasar por el primario la I1n, despreciando la rama en paralelo.

Podemos obtener los valores de cortocircuito sumando las R y las Xd.

Rcc = R1 + R2´

Xcc = Xd1 + Xd2´

podemos sacar la Zcc mediante el triángulo de impedancias que ya vimos:

Zcc = √Rcc2 + Xcc2

Nota: Raíz cuadrada de toda la suma.

Y la tensión de cortocircuito:

Ucc = Zcc · I1n

Estas tensiones de cortocircuito suelen expresarse en porcentaje referido a la V1nominal (V1n)

Ucc% = Ucc/U1n x 100

Además recordar las 2 componentes de la tensión en cortocircuito (activa y la reactiva):

URcc = Ucc x cos φcc
UXcc = Ucc x sen φcc

Lógicamente las potencias (todas) del secundario siguen siendo las mismas.

Ensayos en los Transformadores

Los ensayos a los que se someten los transformadores son básicamente a 2; en Vacío y en Cortocircuito.

Ensayo del Transformador en Vacío

ENSAYO EN VACIO DEL TRANSFORMADOR

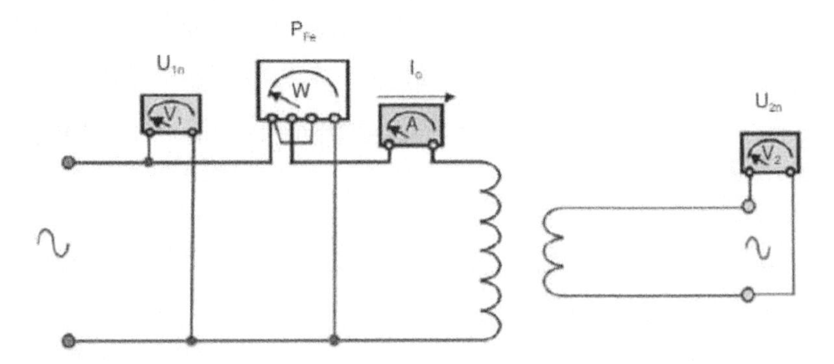

Mediante este ensayo podemos obtener las pérdidas en el hierro obtenidas por medida directa con un vatímetro.

En el ensayo de vacío el bobinado secundario está abierto y no circula intensidad por él secundario ($I2 = 0$).

El primario se conecta a la tensión nominal, siendo la tensión del secundario la nominal del transformador.

Resulta que en el bobinado secundario las pérdidas por efecto Joule son cero, ya que no hay corriente por los cables y no se calientan, y en el bobinado primario son despreciables, ya que la corriente de vacío lo es muy baja.

La lectura del vatímetro en estas condiciones serán las pérdidas en el hierro ya que en el secundario no hay carga y no circula corriente, y en el secundario la corriente es casi despreciable por lo que las pérdidas por efecto joule o en el cobre son nulas o cero, solo hay pérdidas en el hierro Pfe, las pérdidas en las chapas magnéticas.

$Po = Pfe = V1 \times Io \times \cos \varphi o$

Ejercicio:

Se somete a un ensayo en vacío a un transformador monofásico de 5 kVA, 1.000/400 V, 50 Hz, y se obtienen los siguientes resultados:

voltímetro en el primario (V1) = 1.000 V; voltímetro en el secundario (V2) = 400 V; amperímetro en el primario (A) = 0,5 A, y vatímetro en el primario (W) = 30 W.

Determinar la relación de transformación, las pérdidas en el hierro y la corriente de vacío.

Solución: La relación de transformación es:

m = V1/V2 = 1000/400 = 2,5

Las pérdidas en el hierro Pfe = lectura del vatímetro = 30w

La corriente de vacío Io = lectura del amperímetro = 0,5A

Ensayo en Cortocircuito del Transformador

Para realizar el ensayo se cortocircuita el secundario, conectando el primario a tensión.

Se aumentará progresivamente el valor de la tensión hasta que los amperímetros marquen los correspondientes valores nominales I1n e I2n.

Cuando el amperímetro A1 indique la intensidad nominal primaria I1n, el amperímetro A2 indicará la intensidad nominal secundaria I2n.

ENSAYO EN CORTOCIRCUITO DEL TRANSFORMADOR

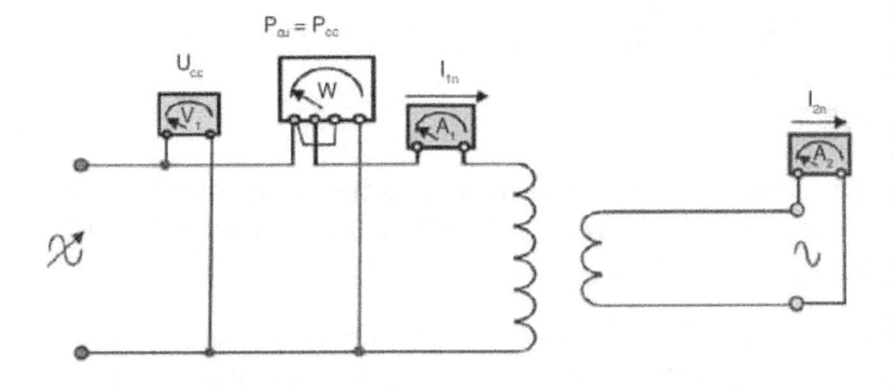

En ese instante el voltímetro V1 indicará el valor de la tensión de cortocircuito del transformador UCC.

Al ser la única carga los conductores del trafo, y circular por ellos las corrientes nominales, quiere decir que la potencia que marca el vatímetro son las pérdidas por efecto joule o Pérdidas en el cobre.

Pcc = Pcu = (R1 x I1n) + (R2 x I2n)

El vatímetro conectado en el ensayo indica con bastante aproximación el valor de esta potencia, es decir las pérdidas en el cobre.

Cálculo de Caída de Tensión en un Transformador

Consideremos un transformador alimentado siempre a la tensión nominal primaria V1.

En vacío, el transformador proporcionará en el secundario E2 y una tensión nominal en el secundario V2, que será del mismo valor que E2.

Si ahora en esas condiciones conectamos una carga en el secundario con determinado factor de potencia (I2n, cos φ2), al pasar una corriente por la carga la V2 se reduce y ya no es la nominal, ya que se produce una caída de tensión.

u = E2 - V2c o también:

u = V2 - V2c

Siendo V2c la tensión del secundario en carga y V2 la tensión nominal en el secundario en vacío.

Se denomina caída interna del transformador o de tensión a: Δ V2 = u = V2 – V2c en valor absoluto.

Es decir, tensión nominal del secundario en vacío menos la

tensión del secundario en carga.

En porcentaje referida a la tensión nominal secundaria (V2n), que es como se suele expresar, será:

$\Delta V2\% = ([V2 - V2c] / V2) \times 100$

También podría ser = $([E2 - V2c] / E2) \times 100$

Ya que E2 = V2 en vacío.

Este valor también se le denomina **coeficiente de regulación**, y es un parámetro importante ya que será decisivo para poder utilizar transformadores acoplados en paralelo, al igual que la Vcc.

Coeficiente de Regulación = Caída de tensión porcentual respecto a la tensión en vacío (E2).

Todas las caídas de tensión serán iguales en transformadores acoplados en paralelo, ya que todos deben tener la mismas tensiones en el primario y en el secundario.

Coeficiente de Regulación con Parámetros de Cortocircuito

Podemos calcular el coeficiente de regulación visto anteriormente con los valores de la Rcc y Xcc mediante el siguiente esquema:

COEFICIENTE DE REGULACIÓN CON PARÁMETROS DE CORTOCIRCUITO

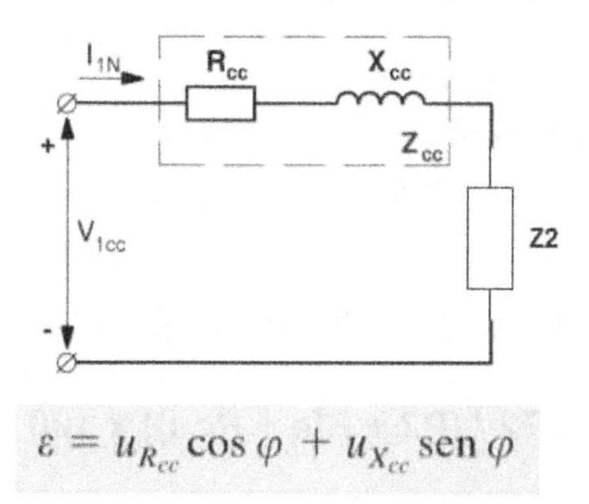

$$\varepsilon = u_{R_{cc}} \cos\varphi + u_{X_{cc}} \operatorname{sen}\varphi$$

ε = Coeficiente de regulación.

$u_{R_{cc}}$ = Caída de tensión óhmica de cortocircuito.

$u_{X_{cc}}$ = Caída de tensión inductiva de cortocircuito.

$\cos\varphi$ = Factor de potencia de la carga.

Rendimiento del Transformador

El rendimiento de un transformador se define como el cociente entre la potencia cedida al exterior por el bobinado secundario y la potencia absorbida por el bobinado primario:

RENDIMIENTO DEL TRANSFORMADOR

$$\eta = \frac{P_2}{P_1} \qquad \eta(\%) = \frac{W_2}{W_1} \cdot 100$$

Un método para el cálculo del rendimiento es mediante la conexión del vatímetro en el primario y en el secundario (método directo).

El cociente de las potencias medidas multiplicado por 100 nos da como resultado el rendimiento del trafo en porcentaje.

Teniendo en cuenta las pérdidas explicadas:

rendimiento ろ = [P2 / (P2 + Pfe + Pcu)] x 100

P2 = Potencia activa cedida a la carga

pfe = Pérdidas en el Hierro

Pcu = Pérdidas en el cobre

EL TRANSFORMADOR TRIFÁSICO

Antes de empezar con el estudio del transformador trifásico recordemos los tipos:

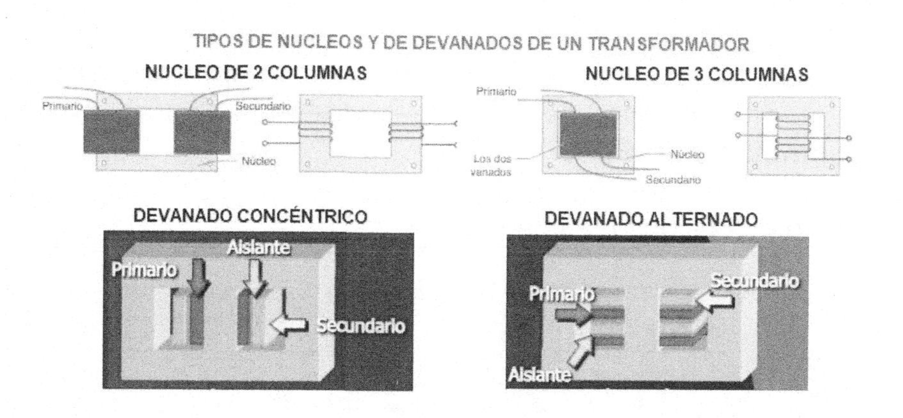

Resúmen tipos:

- Según el núcleo: a 2 columnas y/o Acorazados (3 columnas)

- Según las bobinas: Concéntricos y/o Alternados

Luego los tenemos con líquido refrigerante en su interior o secos, pero esto lo veremos más adelante.

Los trifásicos, como suelen ser de mucha potencia, son todos **con líquido refrigerante**.

El Transformador Trifásico

Un transformador trifásico está formado por un conjunto de **3 devanados (bobinas) para el primario** del transformador y otras **3 para el secundario** o de salida del transformador.

En cada columna del núcleo tenemos el bobinado del secundario, normalmente pegado a la chapa de la columna, y encima de este bobinado, enrollado sobre él pero separados por un aislante, **el bobinado del primario**, pero los dos sobre la misma columna.

Todas las bobinas están **montadas sobre un mismo núcleo o banco de chapas magnéticas**, pero **en 3 columnas diferentes**.

Fíjate en la siguiente imagen:

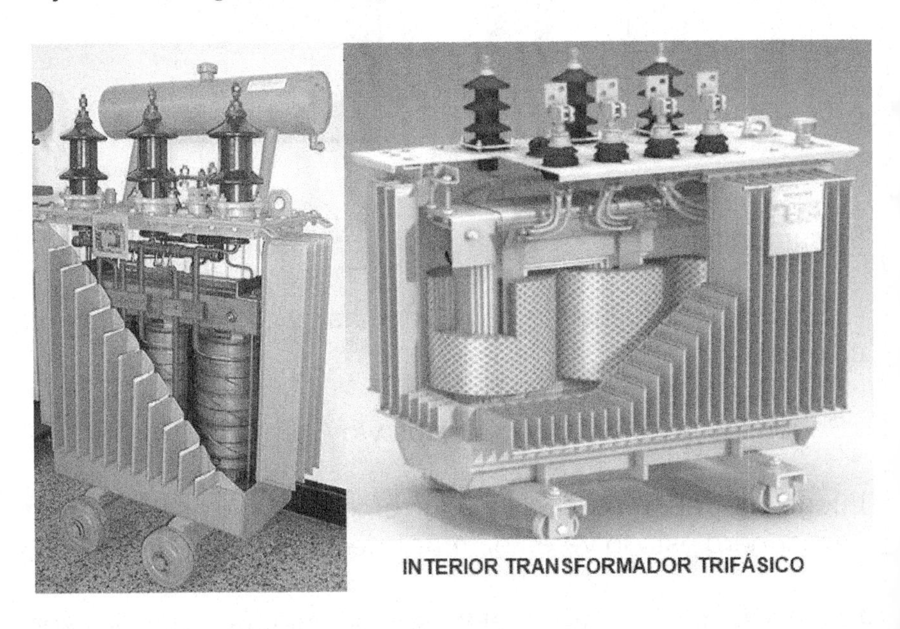

INTERIOR TRANSFORMADOR TRIFÁSICO

Al ser transformadores de mucha potencia, **las bobinas y el núcleo van recubiertas de un líquido refrigerante** para que no se calienten en exceso, por ese motivo los trafos trifásicos van metidos en una carcasa herméticamente cerrada.

Luego veremos los tipos de refrigerantes que se utilizan.

Como el trafo está montado en lo que llamamos un banco de chapas magnéticas, a este tipo de transformadores se les suele llamar "**Banco Trifásico**".

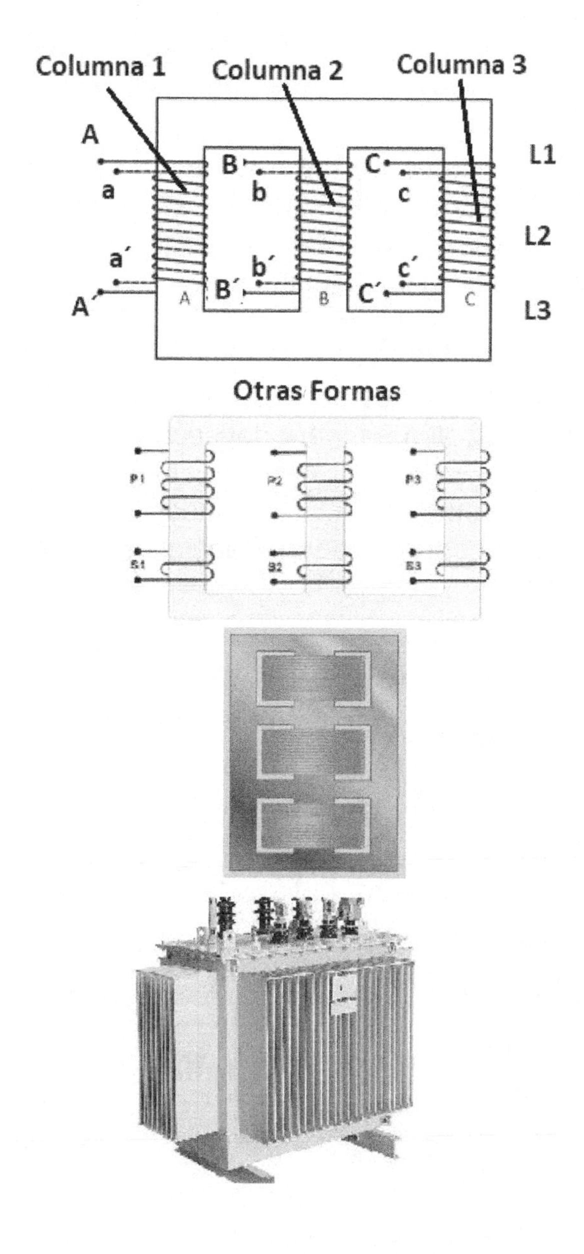

Podríamos decir que un transformador trifásico está constituido por tres transformadores monofásicos montados en un núcleo magnético común.

Antiguamente se utilizaban 3 transformadores monofásicos independientes conectados a una línea trifásica, pero tiene más pérdidas y son más caros, por lo que ya casi no se usan.

Los principios y finales de las bobinas del transformador se nombran **en lado de alta tensión** AT (nuestro caso el primario) con letras mayúsculas de la siguiente forma: **A principio y A´** (A prima) final del primario.

En el lado de baja tensión BT (secundario en nuestro caso) igual pero con letras minúsculas **aa´** principio y final de la bobina de la misma columna, pero del secundario.

Dependiendo de cómo estén conectadas las bobinas, el primario o el secundario pueden trabajar en estrella o en triángulo.

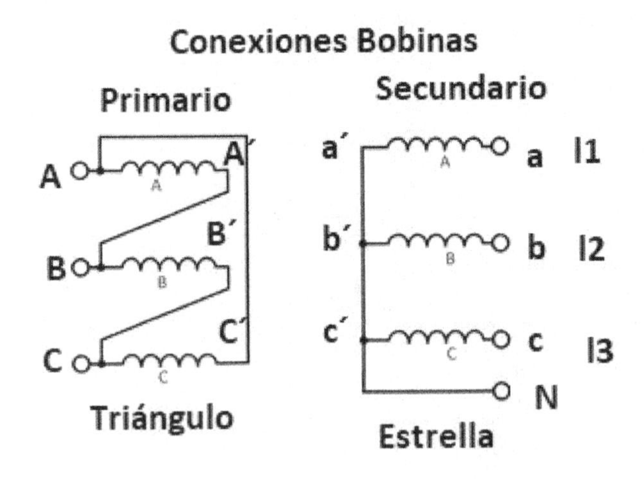

BORNES DEL TRANSFORMADOR

Sin Conectar

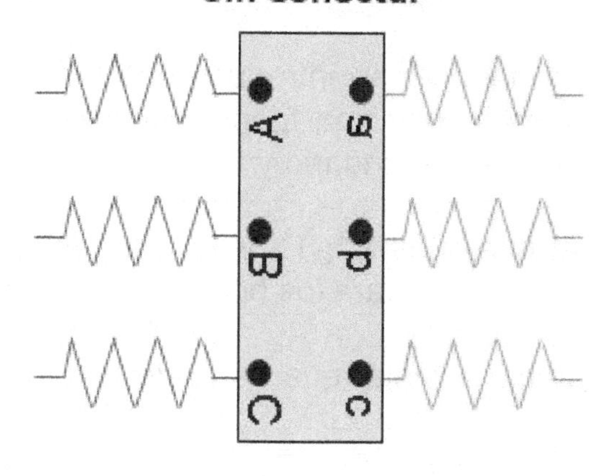

Conectadas

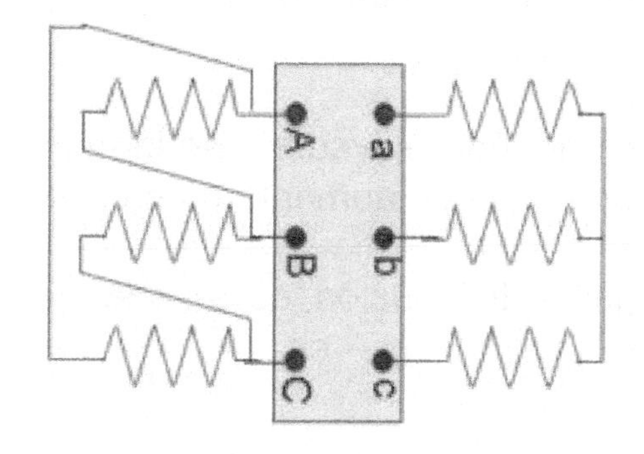

En la columna 1 tendremos las bobinas del primario y cuyo extremo A conectaremos a la fase L1 y además, en esa misma columna tendremos arrollada la bobina del secundario o de salida, que nos dará una tensión de salida diferente y que llamaremos l1.

Esta salida l1 al exterior de la bobina del secundario se hace a través del extremo o borne a.

A la bobina de la columna 2 se conectará la fase L2, y la L3 a la tercera bobina de la columna 3.

En estos transformadores se introduce una tensión trifásica en el primario y se induce una fuerza electromotriz (fem) o tensión diferente en el secundario y también trifásica.

La nomenclatura nueva es 1U, 1V y 1W para los bornes del primario y 2u, 2v, 2w y 2n para los bornes del secundario.

Nosotros utilizamos la vieja, que es la de las imágenes de arriba.

Por ejemplo, si es un transformador reductor, tendremos una tensión elevada en el primario que se reducirá en el secundario.

Si es un transformador elevador, tendremos una tensión pequeña en el primario que aumentará en el secundario.

En el transporte y distribución de la energía eléctrica es donde más se utilizan hoy en día los transformadores trifásicos.

A la salida de la central eléctrica elevamos la tensión mediante un transformador elevador para transportarla a otro sitio en alta tensión.

Cuando vamos llegando al punto de consumo tendremos que ir reduciendo esta tensión elevada mediante transformadores reductores.

Cuando hablamos de tensión en el transformador se refiere a los voltios fuera del transformador y es la que metemos por el primario o la que sacamos por el secundario.

Tensión en bornes del trafo o Tensión Nominal, que siempre se considera la tensión de línea (entre fase y fase)

Cuando hablamos de Fuerza Electromotriz (fem) es la creada o inducida por dentro del transformador, en las bobinas y también se mide en voltios.

Funcionamiento del Transformador Trifásico

Si analizamos una sola columna del trafo tenemos:

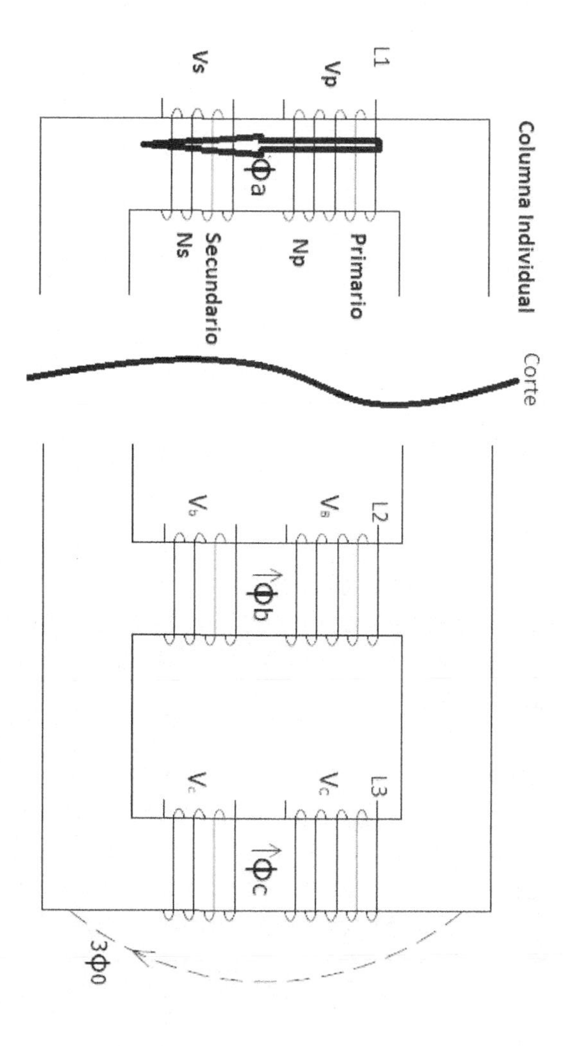

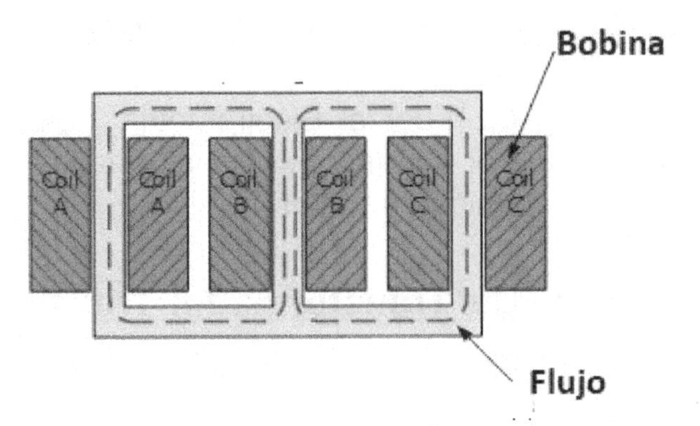

Φa = Flujo del Primario Cortará las Espiras del Secundario

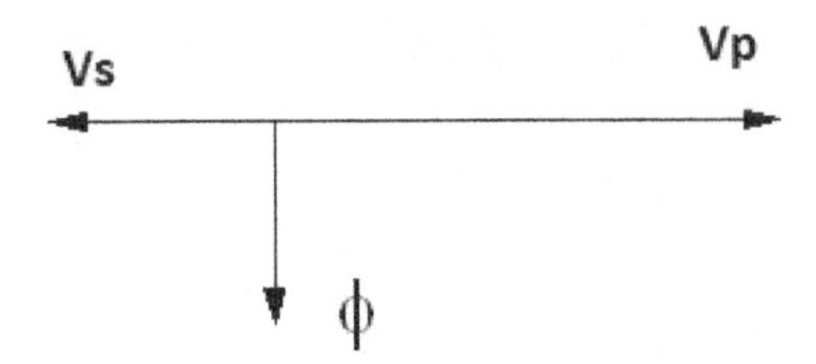

- Al conectar una bobina del primario a una tensión alterna se genera en las chapas del transformador una fem (fem del primario) y un flujo magnético que recorrerá las chapas magnéticas del banco.

Como ves esta fem es interna al transformador.

- Ahora está flujo viajará por las chapas magnéticas de la columna y cortará las espiras de la bobina del secundario por lo que se inducirá en esta bobina una fem por el fenómeno de la inducción electromagnética.

Esta fem inducida en el secundario será de diferente valor que la del primario porque **la bobina del secundario tiene diferente número de espiras que la bobina del primario**.

Si esta fem inducida la sacamos fuera del trafo, será la tensión en el secundario.

Las dos (la fem y la tensión) se miden lógicamente en voltios porque son tensiones.

En los trafos ideales la fem y la tensión se consideran iguales, no hay pérdidas.

Hablamos de tensión en el primario o de entrada y de tensión en el secundario o de salida.

Esto que ocurre en una columna, ocurrirá igualmente en las otras dos al conectarlas a un sistema trifásico.

Eso sí, las tensiones (y corrientes) en cada columna, y por lo tanto las fem, **estarán desfasadas 120°** una respecto a la otra, como ya deberías saber **por ser un sistema trifásico**.

Relaciones de Transformación de un Transformador Trifásico

La relación de transformación es lo que aumenta o disminuye la tensión en un transformador entre el primario y el secundario.

De forma generalizada, en un trifásico será:

m = V1/V2

donde:

V1 = **tensión de línea** del primario
V2 = Tensión de línea del secundario

También se cumple que:

m = V1/V2= N1/N2

N1 = Número de espiras del bobinado del primario.
N2 = Número de espiras del bobinado del secundario.

La división de las tensiones de fase también nos dará la relación de transformación, ya que será la misma que si dividimos las tensiones de línea.

Recuerda que VL = √3 * Vf.

ms = Vfp/Vfs = Np/Ns; donde

ms = relación de transformación simple o de fase.
Vfp = Tensión de fase del primario
Vfs = Tensión de fase del secundario
Np = Número de espiras del bobinado del primario.
Ns = Número de espiras del bobinado del secundario.

Las tensiones que se utilizan normalmente en los trafos son las de línea (medida entre 2 fases).

De hecho estas son las que se llaman **tensión nominal, Siempre a la de línea.**

Tanto **la tensión** (o fem) del primario como la del secundario **dependen del número de espiras del primario y del secundario y de la forma de conectar las bobinas**.

No será lo mismo conectar las bobinas en estrella, que en triángulo, como más adelante veremos.

Cuando el transformador está en carga, si es ideal, **la potencia aparente del primario será igual a la del secundario**:

S1 = S2

√3 x V1 x I1 = √3 x V2 x I2; de lo tenemos:

V1/V2 = I2/I1 = m

Podemos calcular la relación de transformación con el número de espiras o con las intensidades en el trafo, además de por supuesto con las tensiones.

Las conexiones de las bobinas, además de modificar la relación de transformación en el trafo, puede provocar un desfase de las tensiones de fase entre el primario y el secundario **provocando que tengamos el llamado índice horario**.

¿Qué es el índice horario de un Transformador?

Es el **desfase entre el diagrama vectorial de las fuerzas electromotrices** (tensiones) del primario y del secundario.

Así de sencillo, el problema es determinar el índice horario de un transformador concreto.

Eso es lo que aprenderemos aquí.

Lo primero que tenemos que conocer es que el índice horario se llama así porque el desfase se expresa según las horas de un reloj.

Cada hora, desde las 12 en punto, representa un desfase de 30º.

Veamos el reloj que se toma como referencia y con algún ejemplo:

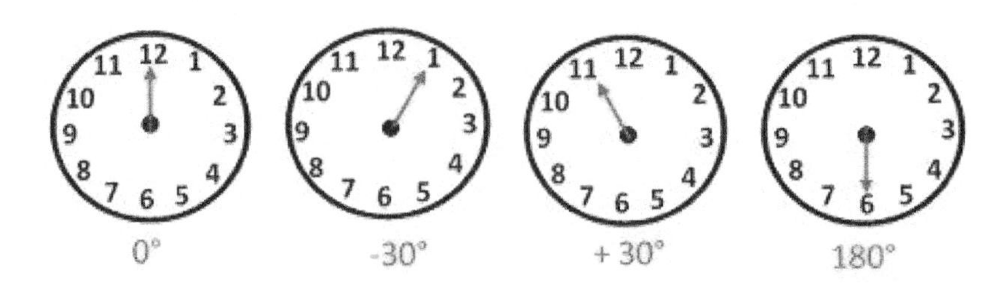

Por ejemplo, si el desfase entre la fuerza electromotriz (fem) del primario y la fem del secundario es de 6, significa que el diagrama de las fem del primario y del secundario están desfasados 180º.

Si es de 3, desfase de 90º, si es de 11, desfase de 330º (o -30º).

Una vez entendido esto veamos cómo se expresan las diferentes opciones de conexión de los transformadores trifásicos.

En los trafos también se expresa el "**Grupo de Conexión**", que es la conexión de las bobinas del primario y del secundario mediante letras.

- La primera letra, en mayúscula, nos expresa la conexión del primario. "D" en triángulo, "Y" en estrella.

- La segunda letra, en minúscula, nos expresa la conexión del secundario. "d" en triángulo, "y" en estrella.

- Puede llevar una n (minúscula) como tercera letras para

expresar que es con neutro. Por ejemplo Dyn (triángulo con salida en estrella con neutro)

- **El número que se pone a continuación del grupo de conexión es el índice horario del trafo**, como ya vimos anteriormente.

Por ejemplo: Dy11 es un transformador con conexión triángulo en el primario y conectado en estrella en el secundario y cuyo índice horario es de 11 o 330º.

Yd11 será estrella en el primario, triángulo en el secundario y desfase de 330º.

Dd0 será triángulo y triángulo con desfase de 0º.

Existe un grupo de conexión llamada zig-zag que se denomina con la letra z y que podrás ver en las conexiones de la imagen de más abajo.

Nosotros en este libro no hablaremos de este tipo de conexión.

A continuación, en la siguiente página, te dejamos una tabla con los índices horarios más utilizados y las conexiones del transformador trifásico. De momento solo fíjate en lo explicado hasta ahora, a continuación te explicaremos cómo determinar el índice horario.

TABLA INDICES HORARIOS DE LOS TRANSFORMADORES

Indice	Denominación	Diagrama (Primario / Secundario) — Conexiones (Primario / Secundario)	Relación de Tensiones Compuestas Uprimario/Usecundario
0 0º	Dd0	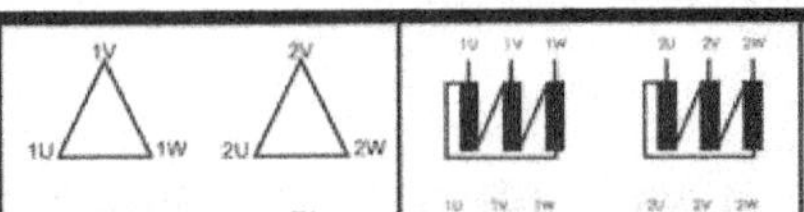	$\frac{N_A}{N_B}$
	Yy0	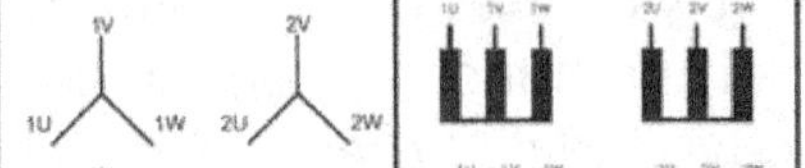	$\frac{N_A}{N_B}$
	Dz0	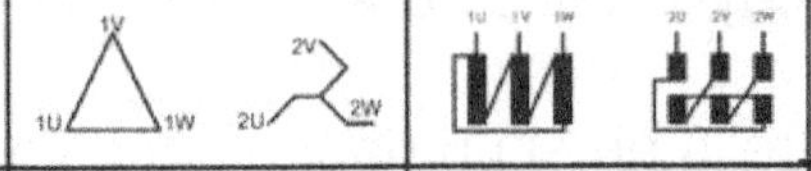	$\frac{2N_A}{3N_B}$
5 150º	Dy5	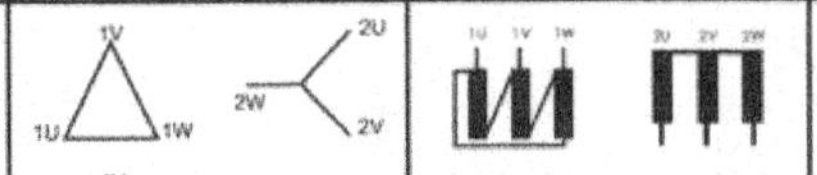	$\frac{N_A}{\sqrt{3}N_B}$
	Yd5	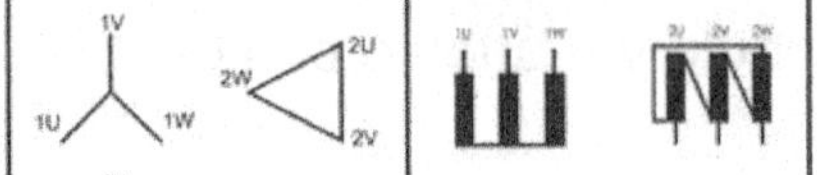	$\frac{\sqrt{3}N_A}{N_B}$
	Yz5	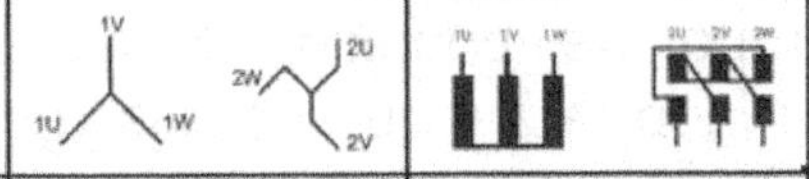	$\frac{2N_A}{\sqrt{3}N_B}$
6 180º	Dd6	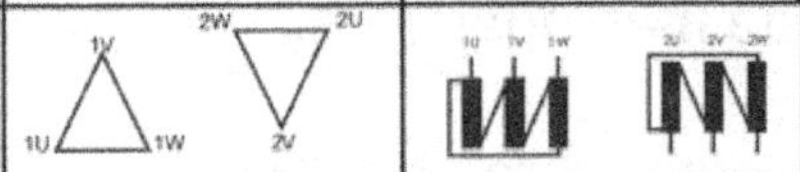	$\frac{N_A}{N_B}$
	Yy6	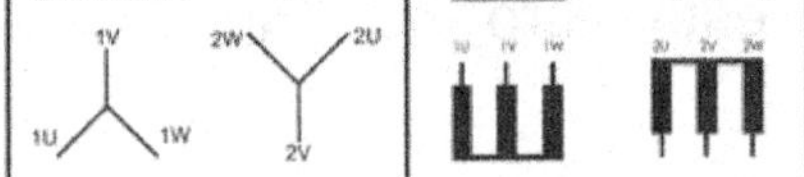	$\frac{N_A}{N_B}$
	Dz6	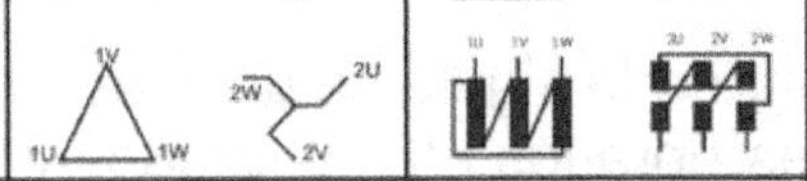	$\frac{2N_A}{3N_A}$
11 330º (-30º)	Dy11	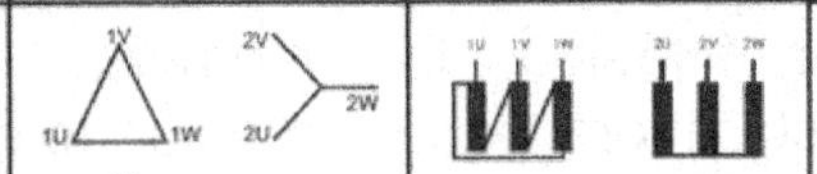	$\frac{N_A}{\sqrt{3}N_B}$
	Yd11	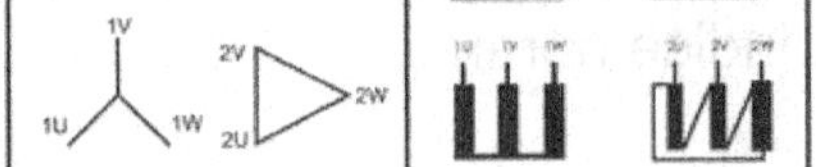	$\frac{\sqrt{3}N_A}{N_B}$
	Yz11	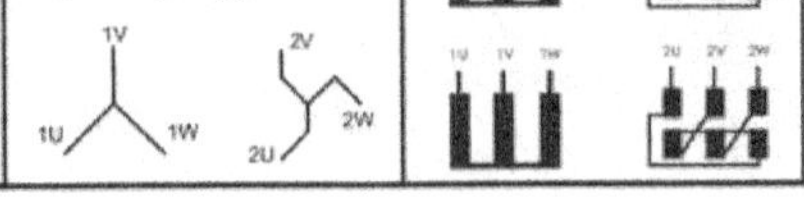	$\frac{2N_A}{\sqrt{3}N_B}$

Las **razones para elegir una configuración Y o Δ** para las conexiones de devanado del transformador son las mismas que para cualquier otra aplicación trifásica: las conexiones en Y brindan la posibilidad de múltiples voltajes, mientras que las conexiones en Δ disfrutan de un mayor nivel de confiabilidad (si un devanado falla, los otros dos aún pueden mantener voltajes de línea completos a la carga).

Determinación del Índice Horario de un Transformador

Para determinar el índice horario de un trafo trifásico se parte de lo siguiente: "Todos los arrollamientos montados sobre una misma columna abrazan en cada instante el mismo flujo común F y, con el fin de precisar el sentido de las f.e.m., suponemos que el sentido de arrollamiento de las bobinas primarias y secundarias es el mismo".

¿Qué significa esto?

Los transformadores trifásicos tienen 3 columnas, o lo que es lo mismo 3 arrollamientos (bobinas) en el primario y 3 en el secundario.

Pues lo dicho arriba significa que el vector de la fem de un transformador trifásico en una de sus 3 columnas del primario es de la misma dirección y sentido que la generada en el secundario en la misma columna.

Lógicamente en el secundario más pequeña si es reductor de tensión.

Si todavía no lo entiendes no te preocupes, con el ejemplo que veremos te quedará claro.

Las columnas (bobinas) en un trafo se nombran de la siguiente forma:

PRIMARIO

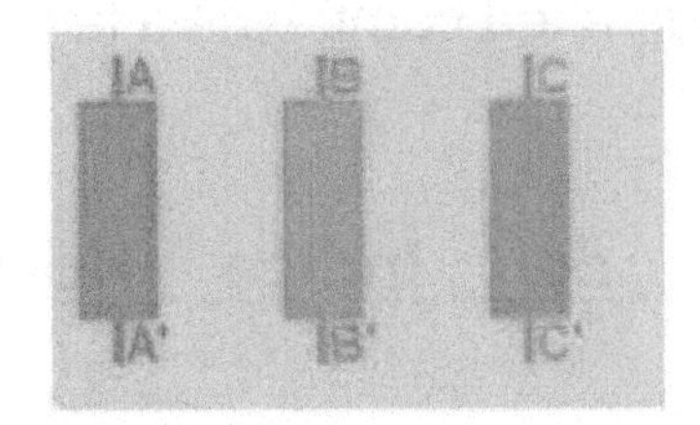

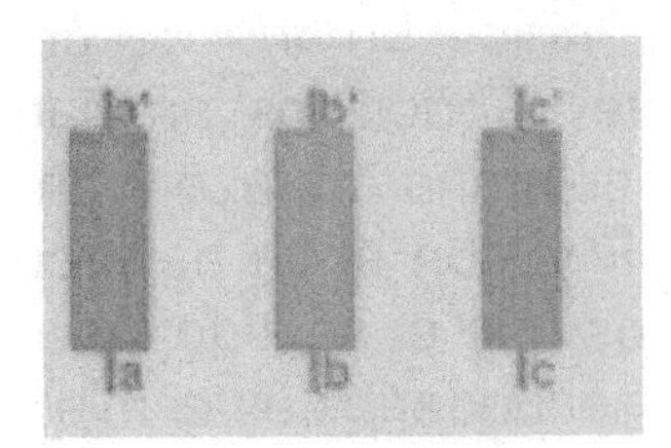

SECUNDARIO

En el Primario el **Inicio** con la **letra A**, el **Final** de la bobina con la **A´(A prima)**.

La segunda columna del trafo será BB´ y la tercera C y C´.

En el Secundario lo mismo pero con letras minúsculas.

En la figura el secundario las letras minúsculas de la parte de arriba son las primas a´b´c´y las de abajo son a, b y c (sin ser primas).

Si nombramos de esta forma, los vectores de las tensiones o fem del primario AA´ y la del secundario aa´ tienen la misma dirección y sentido (como si fueran paralelos, una más grande que otro).

Además Siempre las conexiones a la red del **primario serán**

L1, L2 y L3 (mayúsculas) y las del **secundario l1, l2 y l3** (minúsculas).

A partir de ahora hablaremos de tensiones.

Ya sabes que en un transformador la fem es la interna, y la tensión es la externa, es decir la que tenemos en los bornes de conexión.

Una vez que sabemos esto, ahora veamos los pasos a realizar para calcular el índice horario.

Imaginemos queremos deducir el índice horario del siguiente trafo:

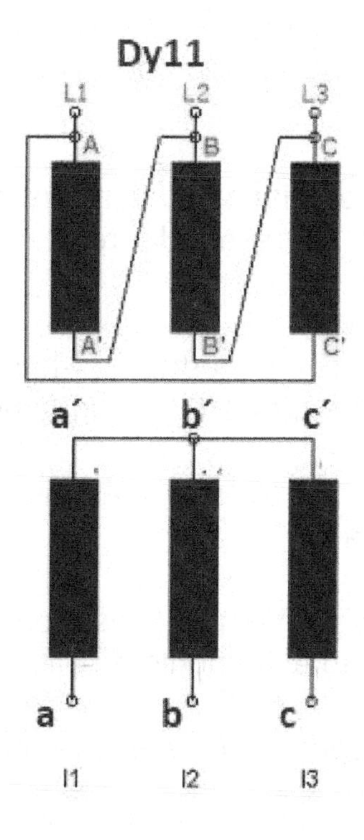

1º) Sacamos los vectores de las fem del primario AA', BB' y CC'. Para eso dibujamos el siguiente triángulo.

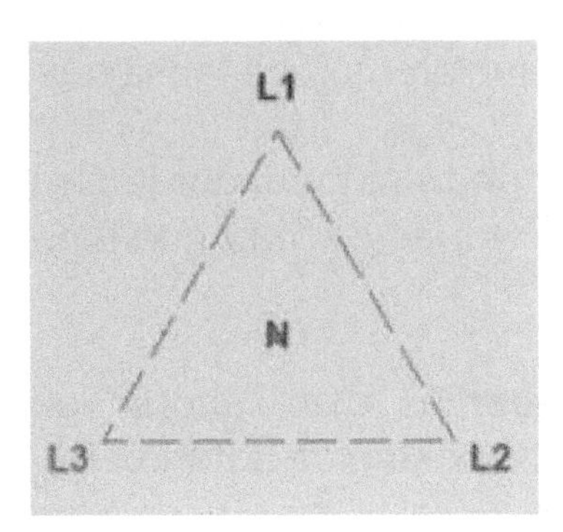

Si el primario es en estrella, nos quedará la estrella de tensiones desde el punto neutro, si es en triángulo, nos quedará una representación de vectores formando el triángulo.

¡¡¡OJO!!!! Dibujar el triángulo siempre del primario en la misma posición ya que será la referencia para sacar el índice horario.

En el triángulo anterior ponemos las letra del primario que está conectada a L1 a L2 y a L3 (antiguamente R,S,T).

Como A está unido a L1, en el triángulo de alimentación A deberá estar unido a L1.

De igual modo se observa que A' está unido a L2, por lo que sucederá lo mismo en el triángulo de alimentación.

Siguiendo este procedimiento marcaremos los extremos B y B', así como C y C'.

Nos queda:

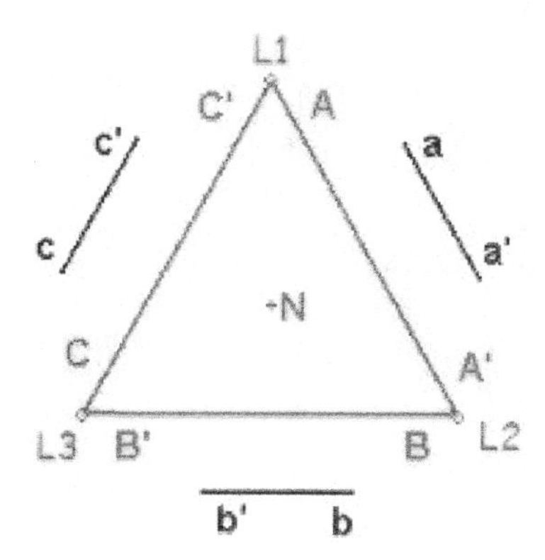

Si fuera en estrella tendríamos que poner las tensiones desde N.

Sigamos con nuestro ejemplo y lo entenderás.

2º) A continuación representamos los vectores de las tensiones aa', bb' y cc' del secundario, que como dijimos tienen que tener la misma dirección y sentido que los segmentos AA', BB' y CC' .

OJO, en este ejemplo en estrella.

Según el esquema de conexión a´,b´, y c´están unidos formando el punto neutro.

Pues ya sabes, a ponerlos en el mismo punto.

Sabemos dónde está el punto A´ en el primario y dónde está el punto a´ en el secundario.

Sabiendo donde está el punto A de primario deducimos

donde estará el punto a en el secundario.

Recuerda que tienen que ser vectores paralelos AA´ y aa´(misma dirección y sentido).

Además el punto **a** está conectado a **I1.**

Con todos estos datos no es difícil sacar el vector aa´.

Repetimos el proceso para las otras dos columnas y nos queda lo siguiente:

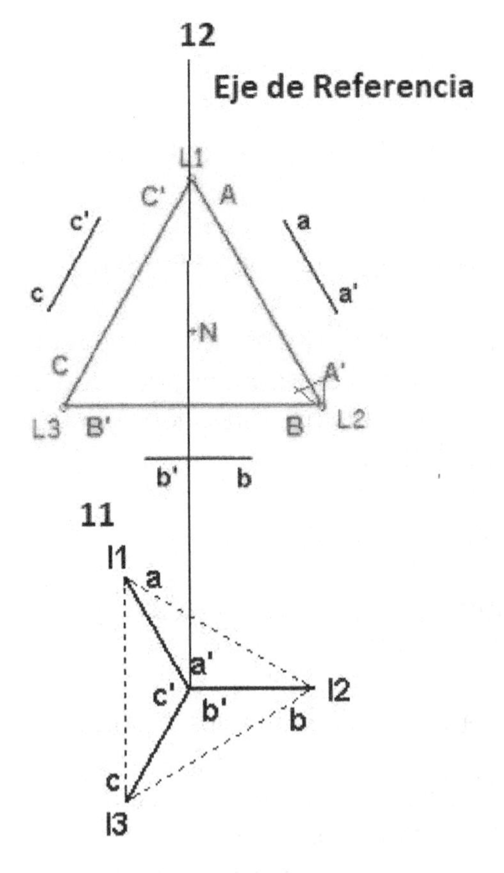

Indice Horario 11

¿Te fijas en la diferencia (ángulo) que hay entre el diagrama del primario y del secundario?

Si tomamos como referencia el 12 del reloj, el secundario estaría en el 11, es decir, el índice horario sería 11 con 330º de desfase.

Lógicamente en este caso al estar a´en el neutro la tensión de fase en el secundario de salida será a´a, vector contrario en sentido al AA´, ya que aa´ será del mismo sentido que AA´.

Realmente si hiciéramos el diagrama de tensiones de fase del primario y lo comparamos con el del secundario, eso sería **el índice horario: "El desfase entre las tensiones de fase o simples del primario y del secundario de un transformador"**.

¡OJO! No todas las conexiones iguales, por ejemplo Yy, tienen el mismo índice, depende de la forma de unir los bornes para hacer la conexión.

Veamos un ejemplo de una Yy0 y una Yy6 (imagen de abajo).

¿Qué las hace diferentes?

Fíjate que en el secundario está conectada la estrella (el puente) de la misma manera, sin embargo en el primario de la Yy6 es puente de la estrella se hace ABC, no A´B´y C´ como en el Yy0.

Eso hace que aunque estén los dos en estrella, el desfase o índice horario sea diferente.

Mismas Conexiones Diferentes Índices Horarios

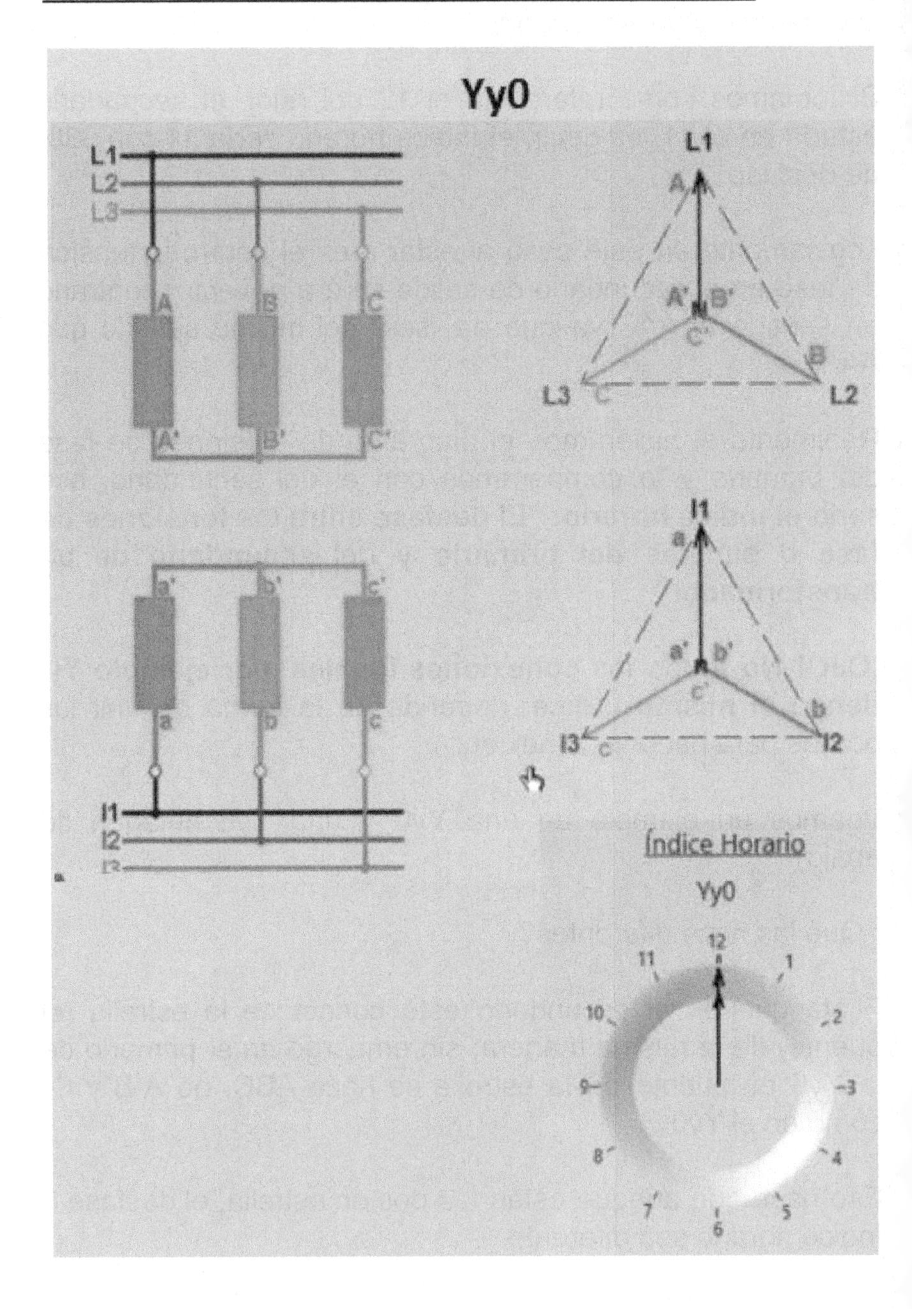

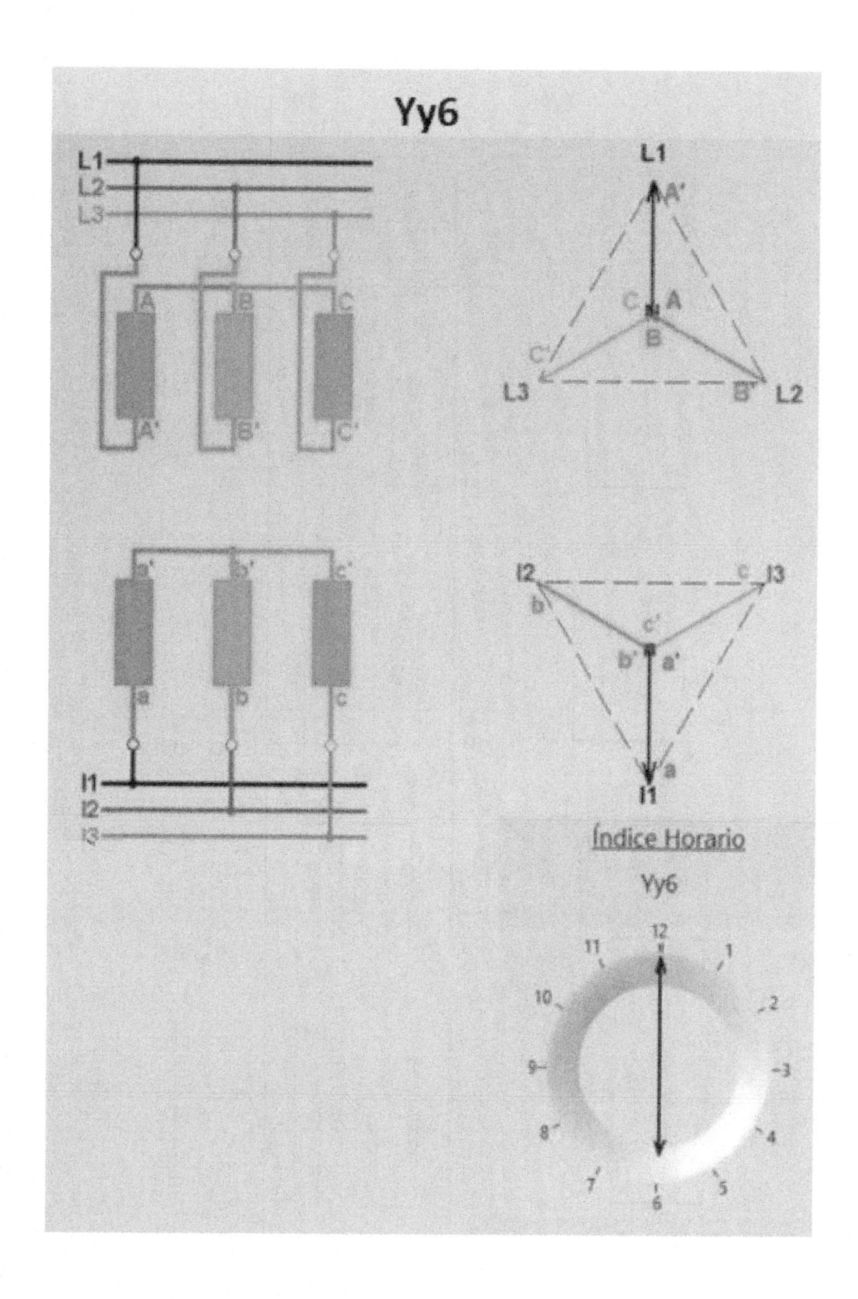

Por último te dejamos una imagen con algunas de las posibles conexiones de un transformador trifásico y sus respectivos índices horarios.

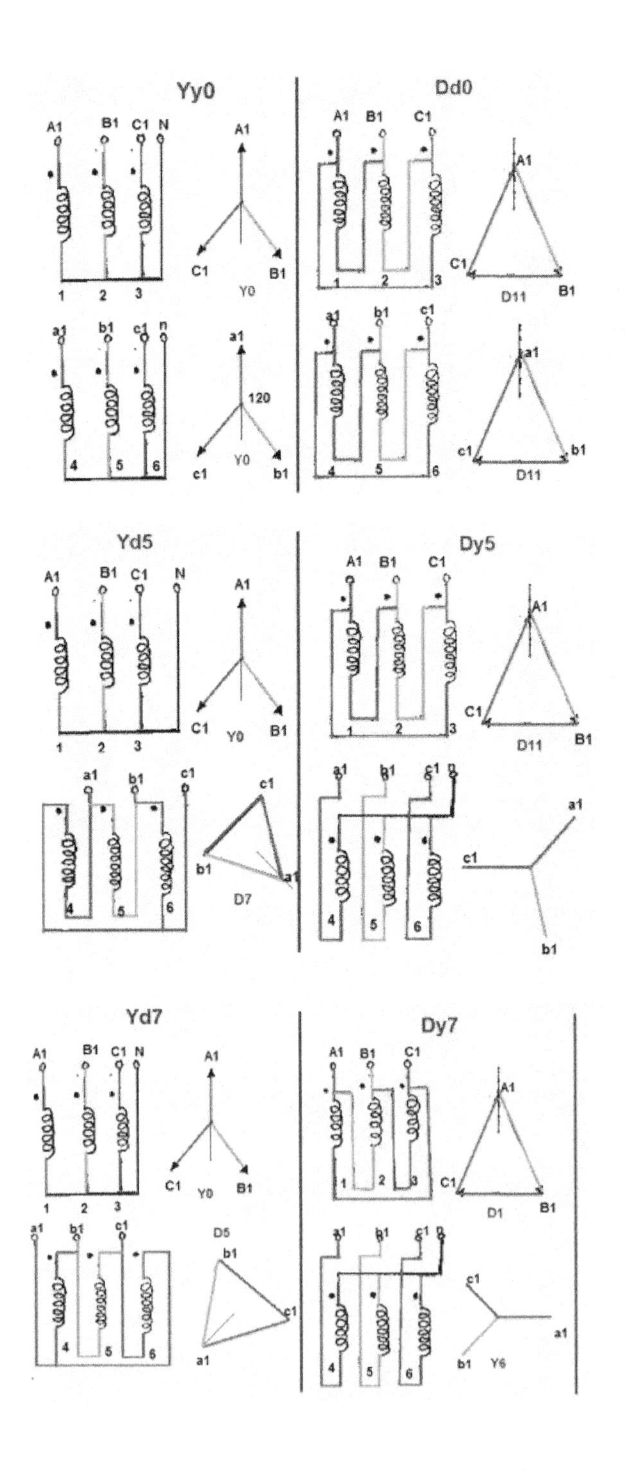
Yy0
Dd0
Yd5
Dy5
Yd7
Dy7

<u>Fórmulas y Magnitudes en los Transformadores Trifásicos</u>

Además de las relaciones de transformación tenemos:

- **Potencia del Trafo** = Potencia Aparente en KVAs = Es el valor de potencia aparente que puede suministrar el secundario de un transformador.

Este valor estará referido a la tensión nominal en las condiciones de temperatura preestablecidas.

$S = \sqrt{3} \times Vl \times Il$

Donde Vl e Il son la tensión y la intensidad nominal del secundario, es decir las de línea.

Las potencias nominales están normalizadas y los valores son: 25, 50, 100, 250, **400 y 630 kVA**.

Las dos últimas son las más utilizadas en los <u>centros de transformación</u>.

Si no se consideran pérdidas, la potencia del trafo sería igual en el primario que en el secundario.

Recuerda:

- **Tensión nominal primaria:** Se refiere a la tensión de alimentación del transformador.

Suele llamarse V1n, aunque no te confundas con la n, es tensión de línea, es decir medida entre 2 fases.

- **Tensión nominal secundaria:** Es la obtenida en los

bornes del secundario (U2n) cuando el transformador opera en vacío y se alimenta el circuito primario a su tensión nominal.

Su valor suele ser un 5% mayor, respecto a los valores nominales de la red, para compensar las caídas de tensión.

De la fórmula de la potencia aparente anterior podemos despejar la I1n o I2n (intensidad nominal primario o secundaria) para calcularla, sabiendo la S del trafo.

- **Intensidad nominal primaria:** Es la que recorre el devanado primario cuando el transformador trabaja a plena carga o a su potencia nominal. I1n

- **Intensidad nominal secundaria:** Es la que recorre el devanado secundario cuando el transformador suministra su potencia nominal. I2n

Intensidades Nominales del Trafo Trifásico

$$I_{1n} = \frac{S_n}{\sqrt{3} \cdot U_{1n}} \qquad I_{2n} = \frac{S_n}{\sqrt{3} \cdot U_{2n}}$$

Otras tensiones son:

- **Tensión máxima de servicio:** Es la máxima tensión que soportaría el transformador funcionando en régimen permanente.

En el caso de distribución, para una tensión nominal en el

primario de 20 kV, corresponde una tensión máxima de servicio de 24 kV.

- **Tensión de cortocircuito:** Es la tensión que hay que aplicar al bobinado primario para que, estando en cortocircuito el devanado secundario, circule por cada uno de ellos su intensidad nominal.

La tensión de cortocircuito UCC se expresa en % de la tensión nominal del primario y su valor se indica en la placa de características del transformador.

Para acoplar transformadores en paralelo, una de las condiciones que deben cumplir es tener igual tensión de cortocircuito en %.

. Rendimiento del Trafo: Potencia del primario / Potencia del secundario

Tensiones en triángulo y en estrella

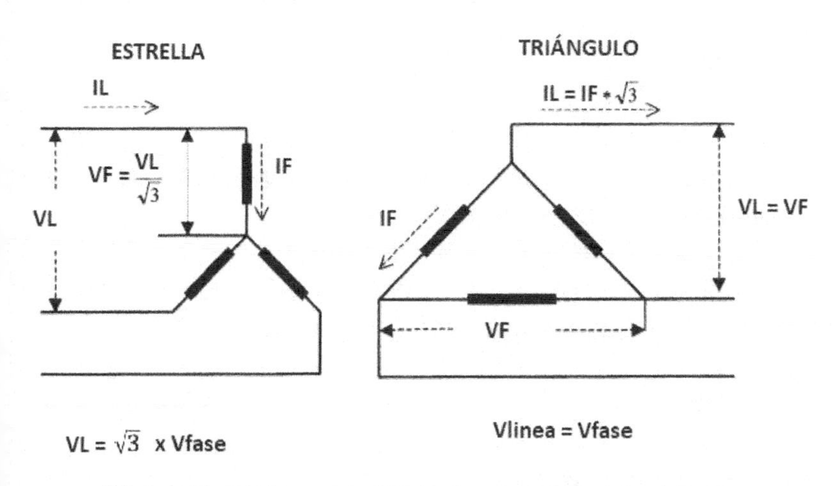

Fíjate que la tensión de las bobinas es la tensión de fase y que la tensión de la línea y la de las bobinas (de fase) del transformador, en triángulo son las mismas.

En Estrella, la tensión de la línea a la que se conecta el trafo es $\sqrt{3}$ veces mayor que la tensión a la que estarán sometidas las bobinas (la de fase)

Además recuerda que:

ms = Vfp/Vfs = Np/Ns; y que además la mc = VLp/VLs.

Según esto. ahora vamos a deducir la relación de transformación compuesta en función del número de espiras:

- **Trafo triangulo-Triángulo**: En este caso las tensiones de línea y fase en el secundario y en el primario son iguales por lo que:

ms = Vfp/Vfs = N1/N2; como

Vfp/Vfs = VLp/VLs tenemos que:

ms = mc = Vfp/Vfs = N1/N2 = VLp/VLs; normalmente la relación que se utiliza es la relación compuesta o de línea referida al número de espiras.

Esas son las fórmulas que vamos a deducir y a poner en negrita en cada caso. Para este caso será:

mc = N1/N2

- **Trafo Estrella-Estrella**: En este caso las tensiones de línea son $\sqrt{3}$ la de fase por lo que:

m = Vfp/Vfs = N1/N2; como VLp/VLs = $\sqrt{3}$Vfp/$\sqrt{3}$Vfs =

Vfp/Vfs; entonces:

ms = mc = Vfp/Vfs = N1/N2 = VLp/VLs

mc = N1/N2

- **Trafo Triángulo-Estrella**: Aquí las tensiones del primario son iguales, pero las del secundario no:

ms = Vfp/Vfs = N1/N2

mc = VLp/VLs = Vfp/√3Vfs = N1/√3N2; por lo que mc = ms/√3

mc = N1/√3N2

- **Trafo Estrella-Triángulo**: Aquí las tensiones del primario no son iguales, pero las del secundario son iguales, por lo que tenemos:

mc = VLp/VLs = √3Vfp/Vfs = √3N1/N2; luego mc = √3 x ms;

mc = √3N1/N2

Si ahora vuelves a ver la tabla de arriba de índices horarios, verás que en la última columna hay la relación de transformación de línea en cada tipo de conexión.

Verás como coincide con la aquí explicado.

Refrigeración de los Transformadores

Como ya dijimos, tanto el núcleo como los bobinados van inmersos en un fluido refrigerante que evita las altas temperaturas en el interior del transformador.

El calor se expulsa al exterior por contacto del refrigerante con el aire o con otro líquido, por ejemplo agua.

La **designación del sistema de refrigeración** utilizado en los transformadores está normalizada según las normas UNE.

Dicho sistema **consta de cuatro letras**, donde cada una suministra información de un tipo.

- **Primera letra**: Se refiere al medio de refrigeración interno que está en contacto con los arrollamientos. Las opciones son:

O = Aceite mineral o líquido aislante sintético con punto de inflamación menor de 300 °C.

K = Líquido aislante con punto de inflamación superior a 300 °C.

L = Líquido aislante con punto de inflamación no medible.

- **Segunda letra**: Indica el modo de circulación del medio de refrigeración interno. Los modos son:

N = Circulación natural por termosifón a través del sistema de refrigeración y en los arrollamientos.

F = Circulación forzada a través del sistema de refrigeración, circulación por termosifón en los arrollamientos.

D = Circulación forzada a través del sistema de refrigeración, dirigida desde el sistema de refrigeración hasta, al menos, los arrollamientos principales.

– **Tercera letra**. Se refiere al medio de refrigeración externo.

Las opciones son:

A = Aire.

W = Agua.

– **Cuarta letra**. Indica el modo de circulación del fluido externo. Las posibilidades son dos:

N = Convección natural.
F = Circulación forzada (ventiladores y bombas).

Los tipos más comunes son:

ONAN = Refrigeración Aceite por circulación Natural (Oil Natural AirNatural).

Este es el sistema de enfriamiento por transformador más utilizado de todos los sistemas y el más económico.

En la circulación del aceite, el aceite absorbe el calor de las bobinas y fluye hacia la parte superior del tanque del transformador (circulación natural del aceite por convección).

Este aceite caliente que llega a la parte superior disipará el calor a la atmósfera a través de la conducción natural, la convección y la radiación en el aire y se enfriará, volviendo a circular y refrigerar sin parar mientras el transformador esté en funcionamiento.

ONAF: Aceite forzado por aire natural (Oil Natural Air Forced).

Prácticamente es una ONAN al que se le añaden ventiladores.

La disipación del calor se puede hacer aún más rápido aplicando un flujo de aire forzado por la superficie de propagación.

Se emplean ventiladores que soplan aire en la superficie de enfriamiento.

El aire forzado elimina el calor de la superficie del radiador y proporciona una mejor refrigeración.

ONWF: Oil Natural Water Forced. Sumergidos en aceite pero por enfriamiento por agua (intercambiador de calor aceite-agua).

Conclusiones:

En estrella se consigue que la tensión a la que queda sometida cada fase del transformador sea $\sqrt{3}$ veces menor que la tensión de línea, por lo que se consigue reducir el número de espiras en relación a la conexión en triángulo para una misma relación de transformación de las tensiones de línea.

Por otro lado, la conexión en estrella hace circular una corriente por cada fase del transformador $\sqrt{3}$ veces mayor que en la conexión en triángulo, por lo que la sección de los conductores de las espiras aumenta en relación con la conexión en triángulo.

Conectando el secundario en estrella se consigue disponer de neutro, lo que permite obtener dos tensiones de distribución y la posibilidad de conectar el neutro a tierra para garantizar la seguridad de las instalaciones.

Otros libros del Autor:

Electricidad Básica y Circuitos Eléctrico

Electrónica Básica

Fundamentos de Programación

101 Problemas de Lógica

Novela Policial: Estilo Compadre

Todos ellos los puedes encontrar en Amazon, y más concretamente en su página de autor "Ernesto Rodriguez Arias:

https://www.amazon.es/Ernesto-Rodriguez-Arias/e/B00OESJ6HC?ref_=dbs_p_ebk_r00_abau_000000

Made in the USA
Coppell, TX
16 October 2024

38781089R00144